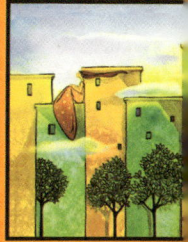

张德芬／著

都市身心灵修行课
遇见未知的自己

CTS
PUBLISHING & MEDIA
中南出版传媒

湖南文艺出版社
HUNAN LITERATURE AND ART PUBLISHING HOUSE

博集天卷
CS-BOOKY

亲爱的，外面没有别人，
所有的外在事物都是你内在投射出来的结果

写给亲爱的你

本书已经在身、心、灵的层面，给了读者很多具体可行的建议。但我们的习惯不是一朝一夕建立起来的，因此，我们也不可能因为看了一本书就破除了一个行之有年的模式。

我建议读者，在身体和心理层面，先从你能够切实做到的一个好的小习惯开始。身体层面，比如说饮食或者是运动；心理层面，就是每天检视，在今天，是谁或是什么事情让你产生了负面情绪，然后向内探索原因。或者你也可以让自己在面对每天遇到的人、事、物中，学习"臣服"的功课。

每个好的习惯一定要有意识地持续至少21天，才可能转化为潜意识中的习惯（自动化了！）。希望与读者朋友共勉。

此外，根据我个人的经验，书中的破解之道有：

1.身体——联结

2.情绪——臣服

3.思想——检视

4.身份认同——觉察

这些功课都是需要我们每日去身体力行的，祝福大家看完本书之后，能有一些收获。

目录
Contents

我们人类所有受苦的根源就是来自不清楚自己是谁，而盲目地去攀附、追求那些不能代表我们的东西！

我们追求的到底是什么？什么是世界上所有人都想要的东西？

死亡来临的时候，会把所有不能代表真正的我们的东西席卷一空，而真正的你，是不会随时间甚至死亡而改变的。

不仅是所有眼见的物质，连看不到的声音、思想、意念、情感，都是某种有特定振动频率的能量啊！

凡是你抗拒的，都会持续。

我们不知道一切问题都是出在自己身上，只要改变自己，改变自己的心境，所有的外境，包括人、事、物都会境由心转地随之改变。

《遇见未知的自己》的新旅程

● 再版序
● 生活是我们最好的上师

2007年，《遇见未知的自己》第一次出版，距离现今（2016年）几乎要十年了，今年又要再版。

此刻，我的内心是充满感激的。从当年没有出版社愿意接受的一本无法定位的书，到2015年上半年还是当当网非虚构类书籍排行第三名，我只能说这本书有它自己的生命，我只是作为一个传达者，忠诚地记载了老天想要让大家知道的一些知识。

当然，知识的传递，如果没有能量作为后盾，那么这个知识是死的。当年写这本书的时候的真诚、发心和热情，至今仍然在我胸膛里面激荡着。而多年来读者们的众多好评，让这本书成为身心灵入门的经典书，一句"亲爱的，外面没有别人"，成为灵性成长团体成员耳熟能详的一句话。

然而这句话的艰深，是我当年写下它的时候所始料未及的。回顾过去这九年，我的人生有了极大的转变：从默默无闻的家庭主妇，成为著名的作家；从拥有一个丰富家庭生活的女人，变成空巢的"单身狗"；从灵性的初生之犊，充满热情和期望地到处上课，到过尽千帆皆不是，回归到生活中修行的脚踏实地。而这句话——外面没有别人，是无止境的深奥，需要我们在生活中不断地去体验、实践。

每当遇到挫折的时候，我都是非常习惯地向内看了。也许一开始，会不由自主地去修正、排斥、指责外在的人、事、物，但是当冷静下来的时候，细细品味这句话，真的心悦诚服地知道：我们内在创造了外在的一切，如何看清楚自己内在到底发生了什么事情，这是自己幸福快乐的关键，也是自由解脱的唯一路径。

而显然这本《遇见未知的自己》，是可以帮助你了解自己的内在是如何运作的。对我来说，那所谓的"自我了解"，是不断深入地，像剥洋葱似的，一层一层地剥开，看到自己的诸多习性和模式是如何掌控自己的人生的。每当生活中、生命中碰到难题、不愉快、痛苦的时候，我就去检视自己的内在运行模式（一种像电脑那样的程序），才能发现根源在哪里。

我后来发现，谦卑和感恩是解决一切问题的万灵丹。具体地举个例子：有一次和一个闺蜜有了争执，在过程中，我一反常态地没有生气、反唇相讥，反而是耐着性子听她骂我，跟她道歉，因为她在那个当下脾气上来了，无法说理。然而心高气傲的我，平常是不会接受别人这种无理漫骂的行为的。我当时允许自己的小我被缩减，看着自己胸腔内翻腾的各种情绪，但不发作。很奇怪，事情过后，我发现，另外一个困扰我多时的感受（与她毫不相关的）居然也就放下了。

我这才明白，当你接受小我受打击、不去壮大它，允许它被缩减的时候，你的整体生命的质量都会提高，困难也容易解决。为什么？因为所有生命的困境，几乎都和小我求生存、要面子、求存在感有关。如果在一件事情或是一个层面上，你允许小我被打击、缩减，那么其他层面的问题你不需要去做什么，就会出现改变。而《遇见未知的自己》这本书，可以让你了解自己、看清小我，进而在生活中操练，让自己更加自在、解脱、快乐。而感恩，正是你用谦卑的心去体会一切之后，自然而然发生的。感恩会带来更多的谦卑、更多的福分、更多的快乐，这样就形成了一个非常好的良性循环。

而这个成长进步的过程，需要大家把书中的资讯拿出来，彻底在生活中执行。也许一开始我们不知不觉，无法了解自己生命究竟出了什么事，怎么会把自己搞成这样。看了书以后，变成后知后觉，道理知道，做不出来。但是，当你带着最大的诚意去实践、内观、自省，并且愿意成长的时候，你会进入当知当觉的状况。也许还是一如既往地做出一些即时的无意识反应，但是一段时间以后，你一定会在某个领域或是某些情境能够做到先知先觉，不再堕入惯性模式的陷阱里。

如果你看了书，道理都明白了，却不去执行，你的生命是不会改变的。不过没关系，老天会安排不同的剧情、场景、人物来收拾你，哈哈，就像我一样。最后逼得我要切切实实地去执行我自己写的东西，进而发现，写完这本书后，原来我还是有各种逃避、不愿意去面对自己的阴暗面，直到大难临头，不得不去改变。这是我辛苦走来的教训，和亲爱的读者们分享。

多年来，不断有读者写信给我表达谢意，我也在很多场合碰到亲爱的读者们，都有许多很好的互动，我衷心感谢老天让我写了这样一本可以帮助这么多人的好书，但我个人怎敢居功？都是老天的恩赐。而亲爱的读者们，无论见面与否，我和你们的灵魂都是相连、相通的，我个人不断在人生的旅途上，一面欣赏各种风景，一面成长，我也希望继续和读者们一同前进。

纸短情长，我亲爱的读者，我永远在这里，也谢谢你们的陪伴。爱你们。

2016年春天，台北

自序
活出你想要的人生

　　你现在手上拿着这本书，我希望你给自己，也给我一个机会，静下心来好好读它。如果你在追寻人生的答案，或是尝试解决人生的一个难题，或是处在一个停滞的阶段，不知道下一步该怎么走，也许就在本书的字里行间，你会有心领神会的一刻，答案因而自动浮现。

　　我写这本书的动机，来自一个小故事：

　　有个男子某天下班经过一条黑黢黢的暗巷时，看到一名女子在仅有的一盏路灯下找东西。她非常慌张、着急地在找，让这个男子不禁停下脚步，想助她一臂之力。

　　"请问你在找什么？"男子问。

　　"我的车钥匙，没有它我就回不了家了！"女子焦虑地说。

　　"你大概在哪个位置，怎么掉的？"

　　女子指向另一个暗处，说："在那儿掏钱包出来的时候掉的。"

　　男子诧异道："那你怎么不在那里找？"

　　女子理直气壮地回答："那里没有灯呀，怎么找得到？"

　　或许你觉得上面这女子愚昧得可笑，但我们在寻找自己想要的人生、想要的快乐时，常常就像上面故事中的女子一般，找错了方向。因为我们寻找的地方，表面上看起来好像比较容易让我们找到想要的东西，所以我们费劲地在别人的身上、在这个外在的物质世界中寻求解答和快乐，结果却徒劳无功。原因就是：我们找错了地方！

这就是我想写这个故事的最大动机：以一位都市白领女性为主角，借由我们每天都可能遭遇到的种种事件，逐渐把眼光从外在的世界，转向我们的内在世界，进而发现我们大多数人竟然都不是自己生命的主人，更糟的是，我们是自己思想和情绪的奴隶！所以，难怪我们无法获得自己想要的人生！

"为什么我不快乐？""为什么我不能拥有我想要的生活？"本书带着你一步步从理性、科学的角度看到大多数人困惑的成因，且从身、心、灵三个方面去探讨和研究，主宰着我们人生的模式是如何形成的，又如何在操控我们的身心。当然，书中也提供了解除这些模式的实际、有效的方法，帮助我们从思想、情绪和身体的桎梏中解脱出来。

随着书中女主角在生活上的起伏和冲击，人生的很多课题和智慧也随之展开。书中一些重要的配角本身的经历和成长，为我们见证了这些人生智慧的重要性和实用性。女主角最后能够在智者的指点之下，改善内在的状态，进而改变外在的世界，就像春蚕破茧而出，迎风飞翔。当我写到这里的时候，自己都忍不住落泪了。我多么希望看到更多的人能够活出他们想要的人生，找回真实的自己呀！

因此，我真诚地希望阅读本书的人，都能够从中获得一些实用的、灵性的生活指南。我建议读者朋友在读这本书的时候，不要急着一口气读完，最好能够读完几章之后，好好地咀嚼、反思一下，再继续下面的章节。

若是能够和好朋友或家人一起看、一起分享心得，效果会更好。如果只是浮光掠影地把它当成一般小说来看，那可能会错失一些可以帮助你改变人生的机会。因为书中这些人生哲理是需要去体会、去实践的，而头脑的了解并不能带来任何的改变。

我的微博：http://weibo.com/u/1759168351

我的微信：

2007年秋，于北京

凡是你抗拒的，
都会持续

01.
一场奇怪的对话
我是谁?

冬夜，下着小雨。

一辆雷克萨斯跑车在弯曲的山坡路上疾驰着，加速、急转、超车，熟练的车技不输赛车选手。

在雨天以这样的方式开车，一般只有两种情况：赶路，或者逃命。

而若菱根本不知道自己要往哪里去。

但若是后一种情形，她又似乎并不在乎命。

"万一对面来车怎么办？"若菱想，"那正好！死个痛快！"

念头一出，自己都吓一跳！为什么最近老有想死的念头？

其实这种"自我毁灭"式的思想和行为，对若菱来说已经是经年累月的习惯了。

"活着好累！"

这感觉一直是若菱人生的一个背景音乐，伴随着她从小到大，每一个场景都不曾缺席。

而今晚和老公大吵一架，仍旧是重复过很多次的模式，把她推入哀怨的心理氛围，又一次凭空跌落在一个未经修葺的乱岗。

心在乱岗，身却又一次地夺门而出，想都没想要去哪儿。

等回神过来，车子已经在上山的路上爬坡了。

突然，车子响了两声，居然熄了火。

引擎怎么点也点不着了，仔细一看，汽油早已告罄。

"该死！"若菱咒骂着，伸手在身上找手机。摸了半天，还打开了车内灯，就是不见手机的踪影。"这下好了，手机也没带！"

若菱环顾窗外，一片漆黑。

在冬天的雨夜，在这样一个荒郊野外的山区，一个没有手机、车子又没汽油的孤单女人。

"每次这种事都发生在我身上，为什么我就这么倒霉？"

若菱又忍不住自怨自艾起来。

这时，若菱眼角的余光扫到了一线灯光，来自路边不远处的一间小屋。

若菱想："也许天无绝人之路，试试看吧！"

她提心吊胆地走到小屋前，找了半天看不到门铃，鼓起勇气轻轻敲了敲门。

"进来吧！"一个苍老的声音传来。

"居然没锁门？"若菱起了疑心，"到底要不要进去？嗯……先推开门看看再说吧！"

门"嘎"地一声被推开，眼前是一间温暖的小屋，居然还有壁炉在生着柴火。一位面目慈祥的白袍老人，正兴味盎然地看着她。

"进来吧，孩子。"

若菱像是被催眠了一样，随着召唤进了小屋。

"坐吧！"老人招呼若菱在壁炉边的椅子上坐下，若菱却只顾站着，戒备地看着老人，随时准备情况不对就夺门而逃。

老人坐在炉边，向她示意："桌上有为你备好的热茶。"

她嘴里说着谢谢，脚可没有移动半步。

老人一点儿也不在意若菱的防备，笑着问："你是谁？"

"我……我车没油了，手机没带，需要跟您借个电话……"若菱嗫嚅着。

"电话可以借给你，不过你没回答我的问题，"老人摇着头说，"你是谁？"

"我叫李若菱……"

"李若菱只是你的名字，一个代号，"老人微笑着坚持，"我问的是'你是谁'。"

"我……"若菱困惑了——他到底想问什么？

"我在一家外企计算机公司上班，是负责软件产品的营销经理。"若菱试着解释。

"那也不能代表你是谁，"老人再度摇头，"如果你换了工作，这个'你是谁'的内容不就要改了？"

在一个奇怪的地方，跟一个奇怪的人，进行这样一场奇怪的对话？

这个时候，若菱感受到了屋子里的一种神秘的气氛，以及老人身上散发的祥和宁静的气质。这种神秘和安详总让人有所震慑。

于是她不由自主地坐了下来。

"我是谁？"

她的心终于在乱岗上听到这个问题，像山谷回音般地在那里回响着——我是谁？我是谁？我是谁？

而那一瞬间，若菱禁不住回想起过往的种种，潸然泪下。

"我是个苦命的人，从小父母离婚，只见过父亲几面，十岁以前都由外祖父母抚养。继父对我一向不好，冷酷疏离。为了脱离家庭，我早早地就结了婚，却久婚不孕，饱受婆婆的白眼和小姑的嘲讽，连老公也不表示同情。工作上老遇到小人，知心的朋友也没几个……"

若菱陷入了悲伤自怜的情绪里，迷蒙中，一生的种种不幸、不公，好像走马灯一样在眼前闪过。

她自己都惊讶，在一个素昧平生的人面前，居然把酿了很久的辛酸苦水全倒出来，一点儿也不吝啬。

老人的目光现出同情。

"这是你的一个身份认同，"他缓缓地说，"一个看待自己的角度。"

“我是谁？”

　　"你认同自己是一个不幸的人，是多舛的命运、不公的待遇和他人错误行为下的受害者。你的故事很让人同情，不过，这也不是真正的你。"

　　"等一等！"她的心念突然一动，"我天生聪明伶俐、才华横溢、相貌清秀、追求者众！我是清华大学毕业的高才生，收入丰厚，我老公……"

　　张嘴就提起了老公，却又戛然而止。

　　"是、是，我知道，你很优秀！"老人理解地点头，"但这又是你另外一种身份认同，也不是真正的你。"

　　若菱刚刚被激起的信心又告瓦解，低头沉思。

　　"老人到底想得到什么答案？"

　　若菱一贯的好胜心此时蠢蠢欲动，她想，老人显然不是要找一般世俗的答案，我就朝哲学、宗教的方向试试看！

　　于是她答道："我是一个身、心、灵的集合体！"

　　说完，她有些得意地看着老人，心想：这回，总应该答对了吧！

"那也不全对。"

老人带着笑意的眼神虽然让若菱有如沐春风的感觉,但脱口而出的话还是令人泄气。

"你是你的身体吗?"

"应该是啊!为什么不是?"若菱拿出大学辩论队的功夫,用反证法来反问。

"你从小到大,身体是否一直在改变?"

当然,那还用说,自己小的时候,真是一个大胖妹,可是上小学时,蹿个儿了以后就一直瘦瘦的;三十岁以后,小腹和臀部的赘肉又逐渐增加。唉!人生真是无常……

况且,其实她看过报道,我们的细胞每隔一段时间(大约七年)就会全部换新。

诚然,我"有"一个身体,而我并不"是"我的身体。

"而你所谓的心,又是什么呢?"老人打断了若菱的思绪,其实她已经开始想减肥的事了。

"就是我们的头脑呀，包括知识、思想、情感这些吧！"若菱含糊地回答。

"那我们试着从另外一个角度来看吧，"老人换了种语气，"你看得到你的思想吗？你感觉得到你的情感、情绪吗？"他好像又在设陷阱了。

"这……这是什么意思？"若菱不解。

"你自己来检查你的回答是否正确，我来教你，"老人说，"现在，闭上你的眼睛。"

老人的话带有磁力和一分威严，若菱照做了。

"什么都不要想，让你的头脑暂停几分钟……"老人说完，就也定静不动了。

过了好像一个世纪那么长，老人指示："好，可以睁开眼睛了。"

若菱皱着眉头睁开眼睛。

"怎么啦？"老人明知故问。

"根本不可能让头脑停下来什么都不想呀！"若菱抗议。

"是的，"老人微笑着点头，"那你都在想什么呢？"

若菱红了脸，不好意思说，她在想老人是不是什么怪人，还是在搞歪门邪道，自己在被他指使着做些莫明其妙的事，也不知道反抗。

"你看到你的思想了吗？"老人理解地不再逼问她想什么了。

"是的。"若菱承认。

"那你的感觉又是什么呢？"

"有点儿古怪，有点儿不安。"若菱老实地回答。

"是的，你可以感受到自己的感觉。"老人点头，然后意有所指地看着若菱。

"嗯……我能觉知到我的思想，我也可以感知到我的情绪，所以它们都是我的一部分呀！"若菱说得自己都觉得很有道理。

"你的意思是说，主体和客体是一回事啰？"老人狡黠地问道。

若菱知道自己犯了逻辑上的错误，如果主体的"我"能感受到作为客体的思想、情感，那么两者不应该同为一物。尴尬之余，若菱只好退却，答非所问地说："其实，我只想来跟你借个电话用用……"

老人不放过她："所以，'我是谁'这个问题，从正面是很难回答的，我们目前用的都是否定法——以上皆非。"

若菱突然福至心灵地发现："咦，你怎么没说灵魂呢？我们就是灵魂吧！"她有买彩票中了大奖的感觉！

而老人只是意味深长地一笑。

"灵魂可以说是比较贴近答案的一种说法，但是这个词在很多时候被宗教、哲学滥用了，贴了太多的色彩和标签，没有办法贴切地表达我们真正是谁。"

"孩子，"他说，"我们是在用言语来表达言语不能表达的东西，这也就是老子说的'道可道，非常道'，所以我说用'以上皆非'

来表达，还比较容易懂一些。"

"那真正的答案是什么呢？"

"以后我会慢慢告诉你。"

说着，老人伸出了食指："你看到我的手指了吗？"

"废话！"若菱心里想，不过还是顺从地点点头。

"如果月亮代表我们真正的自己，而且它是无法用言语具体描述清楚的东西，那么我们所有用语言去描述它的尝试，就是这根指向月亮的手指，而不是真正的月亮。"

若菱疑惑地歪着头，不知道该怎么接腔。

"就好比说，从来没有吃过冰激凌的人，你对他再怎么样描述冰激凌的滋味都没有用，是不是？"老人耐心地解释，"如果他亲自尝了一口，那么所有的语言都是多余的了……"

若菱有点儿困了，真的不知道老人为什么拉着她说这么多令人困惑的话。

她瞥了一下四周，要命了，老人像是个隐居的高士，家里居然看不到一部电话！

"我告诉你这些是要帮助你认清楚一些事实，因为我们人类所有受苦的根源就是来自不清楚自己是谁，而盲目地去攀附、追求那些不能代表我们的东西！"

"你自己就是个最好的例子，不是吗？"老人似乎有读心术，猜得出来若菱心里的想法。

言罢，他伸手从一个柜子里面拉出一部老式电话："用吧！"

03.

做爱像去迪士尼乐园？
我们到底想要什么

吵架之后通常是冷战，若菱可以连续两三天对老公志明不理不睬，当他透明。

不过这次，居然第二天就雨过天晴，若菱的脸色好得像朵花。

可是志明总觉得哪里有点儿不对劲儿，若菱似乎有心事。连续好几天，若菱都有点儿心不在焉，恍恍惚惚的。两人之间本来话就不多，现在就更没有交集了。

若菱和志明的故事可以用才子佳人来形容。

他们是大学同学。在理工科系里，女生——尤其是像若菱这样出众的女生简直奇货可居，而志明高大英俊，两人走在一起顺理成章。大学毕业后，两人都顺利地申请到了美国大学的奖学金，就这样结了婚、一起出国留学。若菱改念了企业管理MBA，志明念的还是电机的博士学位。

回国后，若菱以高学历和在美国工作过的背景，顺利地进入一家外企工作，志明则回到母校从副教授干起，现在已经是正教授了。

总之，两人从恋爱到结婚，都是相当平稳而顺遂。

只是有一个问题。

婚后若菱一直没能怀孕，志明本人倒还无所谓，就是志明的传统家庭似乎有点儿无法接受。

一晃结婚十多年了，两人的感情已经淡漠得像路人。就是所谓的老夫老妻了，但欠缺了夫妻间的亲密与交流。

开始，他说，她说。后来，他们一起说。再后来，她说，他不说。最后，她也不说了。

若菱的想法比较偏激，负面情绪很多，志明每次开口想聊聊自己的事情，都被若菱连珠炮似的负面评语搞得不想再说。

问她工作上的事，就更麻烦了。她开口就会把公司说得没有前途，老板和同事都糟糕至极，每天在办公室过的都是牛马不如的生活。

久而久之，志明烦了，不愿多问多说了，两人的心渐行渐远。

那一夜，志明加班回家晚，若菱也刚到家。两人都疲惫不堪，回到沉闷的家中，谁也没好气。

假如家里有孩子或者宠物，可以让回到家中的人一下子能量、兴致都高涨起来。但是他们的家里就只有静滞的空气。

志明肚子饿了，看到空空如也的冰箱，实在一肚子火气。两人短兵相接，唇枪舌剑。多年下来，双方都已是炉火纯青，根本不必多言，胜负立决。

高手就是高手。

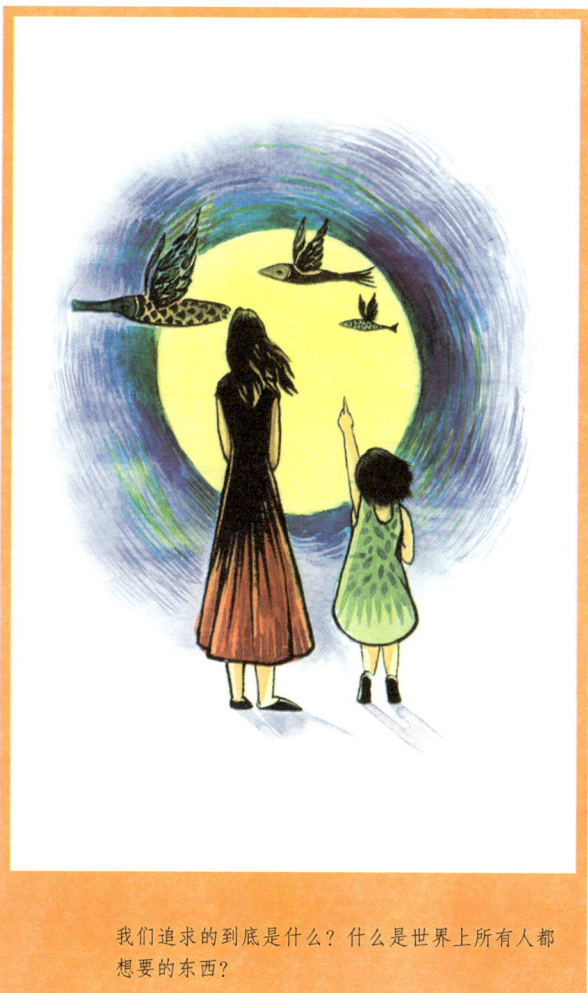

我们追求的到底是什么？什么是世界上所有人都想要的东西？

志明一句"不会生孩子，饭总会做吧！"就触痛了若菱的要害，她勃然大怒，夺门而出。

而那天雨夜的奇遇之后，若菱就经常一副若有所思的样子。

她开始思索自己以前从来没有想过的一些事情。

我们到底是谁？大学、研究所都没有教过，从小到大也没听人说过这件事。

那夜最后分手的时候，老人还留了一个功课给若菱思考。这个功课是：我们追求的到底是什么？什么是世界上所有人都想要的东西？

"李经理，从你们营销的观点来看，我们这个产品升级以后，用这个角度切入市场怎么样？"销售部门的老总陈达打断了若菱的思绪，冷不防地问。

"嗯，依我的观点来看……"还好若菱反应快，可以立刻从思绪中抽身，滔滔不绝地说下去，否则在这个重要的干部会议上肯定出丑。

"我们到底想要什么？"若菱看着随后侃侃发言的老板，私下揣度着。

她的老板王力是公司的营销总经理，才四十岁出头，在爬升公司职位阶梯的过程当中，无所不用其极，企图心特强。想必他要钱——当然，谁不想要？

若菱的公司并购另外一家小公司的时候，王力是那家小公司的老总。小公司的人事部经理不知是一时疏忽还是对老板不满，居然把全公司的薪水数据用邮件发给所有的人，员工因而知道他们老板年薪加红利居然有好几百万之多。一般公司并购之后，子公司的老总难免会沦为"黑五类"，然后悄然隐退，但是这个王力反而扶摇直上，成了"当红派"！

"他肯定很有钱了，"若菱想，"但企图心还是这么强，显然权力也是他想要的。"

"我不赞同你的看法，"另一个业务部门的经理李逵直言不讳地反驳王力，"对老客户我们可以这么做，但是对新客户而言，我们必须有一个更有吸引力的诉求点，才能让他们愿意转用我们的产品。"

李逵两年前因肝病入院，休养了一年才回到工作岗位上。从此戒烟、戒酒、戒色，可见惜命如金。

这提醒了若菱："啊，我们还要健康。"

当然，除此以外，每个人都在追求爱和快乐。

若菱在这么短的时间内就做好了老人交代的功课，她对自己感到很满意。就是嘛！财富、权力、健康、爱和快乐！这不就是人人都在追求的吗？若菱志得意满地笑起来。

"李经理，这么高兴，昨天晚上跟老公很愉快哦？"另一个产品部门的营销经理黄玉魁带着一贯色眯眯的笑容问若菱。

"咦，已经散会啦？"若菱痛恨他的话中有话，每次借机就来吃口头的豆腐，"我还有事，再见！"

　　回到自己的座位上，若菱想着这个讨人厌的色鬼，他要的是什么？性吗？他当然不是要爱！这家伙的下属也对他很不屑。出去和客户应酬的时候，黄玉魁带着下属去，用自己部门的营销经费付喝花酒的钱，而且公然带着小姐上楼"办事"，让下属看傻了眼。

　　那么性是否可以归入"快乐"这个范畴？

　　应该可以吧，若菱想。这种人是在追求什么样的快乐呢？就是那几秒的高潮？这真像去迪士尼乐园排队玩儿一样，费了半天功夫，只为了爽那么几下，真是不划算。这些追求性刺激的男人，应该还有更深一层的动机吧？

　　无论如何，追根究底之下，快乐是大家都在追求的，但是，为什么真正快乐的人那么少呢？若菱百思不得其解，下次一定要好好问问老人！

04.

我为什么常常不快乐？

失落了真实的自己

胸有成竹的若菱，带着准备好的答案和满腹的疑问再度拜访老人。轻敲门后，还是那句"进来吧"，门就应声而开。

若菱进了屋，这次比较有心思和时间来打量老人的居住环境。

老人的住所极其简单，传统的中式家具，简朴的布置，就是那个洋里洋气的壁炉显得有点儿突兀。

"这周过得好吗？"一坐下，老人就问她。

"挺好的。"若菱小心翼翼地回答。

然后两人就陷入了沉默之中。若菱听着柴火发出噼里啪啦的声响，不知如何开口。

半晌，若菱有些迟疑地说："关于上次你要我想的问题……"

"哦，你想出来了吗？"

"嗯，我想，每个人都在追求财富、权力、健康、爱和快乐！"一边说，若菱一边偷看老人的脸色反应。

"嗯，"老人点头，"那你呢？也是追求这些吗？"

"我，我当然希望有一定的财富……"若菱一直对钱财有很深的不安全感。

"有了财富以后，你会怎么样？"老人问。

"会比较开心，不再为未来担忧啦！"若菱简直不敢想象，这辈子如果有花不完的钱财的话，那会有多爽！想到可以走进任何一家自己喜欢的精品店，不看标价就随意选购看中的东西，若菱简直有点儿飘飘然了。

"权力呢？"老人打断了若菱的白日梦。

"嗯，我还不是特别想追求权力，因为好像其他的基本要求都还没有满足……"

"如果你很有权力的话，你会觉得怎么样？"

"那……我应该会很满足，很过瘾！"若菱想象当上公司首席执行官以后的神气模样，对现在的众多领导可以摆摆派头、耍耍威风，颐指气使的，真是酷毙了！

"有了健康呢？你又会怎么样？"

若菱除了小感冒外，没有生过什么大病。对于健康，她的感觉不深，不过她可以想象那些健康失而复得的人会多么珍惜健康。"有了健康就很快乐，很好啊！"

"好，"老人的一连串问题似乎告一段落，"所以，这样追究下去，我们人类所要追求的东西，也不过五个字就可以表达出来！"

"五个字？"若菱有点儿失望，她还以为会比自己想的更多呢，岂知道更少。

老人拿起一支粉笔，在石灰地上开始写字——爱、喜悦、和平。

若菱有点儿惊愕，看着老人等他解释。

"你刚才说人类追求的东西，像权力啦、财富啦、健康啦，最终目的还是在追求喜悦与内心的和平，不是吗？"老人探询若菱的意见。

"是可以这样说啦，但是快乐和喜悦又有什么差别呢？"若菱不懂。

"快乐是由外在事物引发的，它的先决条件就是一定要有一个使我们快乐的事物，所以它的过程是由外向内的，"老人顺便理了一下自己长长的白胡须，"然而这样一来，就有了一个问题啦——"

老人看着若菱，眼里是意味深长的破折号。

若菱的脸上只有一个大大的问号。

"问题就是：既然快乐取决于外在的东西，那么一旦那个令你快乐的情境或事物不存在了，你的快乐也就随之消失了。而喜悦不同，它是由内向外的绽放，从你内心深处油然而生的。所以你一旦拥有了它，外界是夺不走的。"

若菱听得发痴了。她此生连真正的快乐都很少体会到，更别说喜悦了。

"而这里说的爱，也不是你们一般的男欢女爱，而是真正的爱，是无条件、不求回报的……"老人继续阐释。

"就像父母对孩子的爱？"若菱虽然这样问，但是她自己就从来没有得到过父母那种无条件的爱。若菱父母自顾不暇，没有多余的爱给她。她从小就只能艳羡别人，或是在看电视、电影的时候，想象自己是影片中那个幸运的孩子。

"是的，有些父母的确可以表现出真爱的特质，但很多父母却是以爱为名，让孩子为他们而活，而不是尊重孩子自己的生命历程。"老人此刻显得有些严肃。

若菱低下头，红了眼。她自己的父母好像视她为无物，她倒宁愿父母把自己视为财产，横加干预，严厉管教，而不是不闻不问。

"好孩子，"老人委婉相劝，"父母也是人，他们有他们自己的限制。"

"但是你要相信，在过去的每一刻，你的父母都已经尽他们所能地在扮演好他们的角色。他们也许不是最好的父母，但是他们所知有限，资源也有限。在诸多限制下，你所得到的已经是他们尽力之后的结果了，你了解吗？"

若菱委屈地点点头，老人的话的确能安慰若菱受创的心。只是若菱内在始终有个遗憾，永远的遗憾。

在迷茫的泪水中，若菱抬起头，看着老人。

"我知道你要问我什么，"老人又在发挥读心术了，"你要问我如何才能得到爱、喜悦与和平，是吗？"

"是的，而且，我们每个人都在追求这些，为什么几乎是人人落空？每个强颜欢笑的后面，隐藏了多少辛酸？为什么会这样？"若菱愈讲愈激动，似乎代表天下人在发出不平之鸣。

"因为，"老人等她说完，简单而平静地回答，"你失落了真实的自己。"

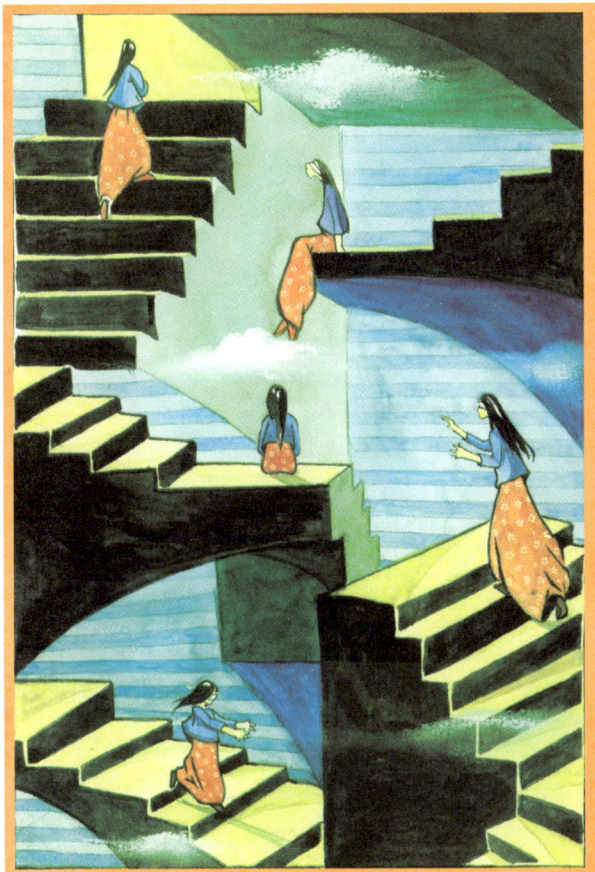

一旦那个令你快乐的情境或事物不存在了，你的
快乐也就随之消失了。而喜悦不同，它是由内向
外的绽放，从你内心深处油然而生的

05.
人生就像一场戏
角色面具

　　难怪老人一见面就问"你是谁"，他算准没人答得出这个问题。至少，他想要的答案没人答得出来。

　　若菱坐在办公桌上，看着窗户外面的车水马龙，痴痴地想着。

　　今天是TGIF（Thank God It's Friday.感谢上帝，今天是周五），傍晚的交通格外拥挤，隔着窗户，若菱都可以感觉到今晚这个城市的躁动。早上匆匆忙忙上班的人，在五天的名利角逐征战之后，总算能够休息两天，追求一番娱乐，期待某种程度的放松。

　　家人相聚、做运动、泡夜店、会情人、看电视、看电影、睡大头觉、打麻将……放松之后，好准备下周一重新投入战场。

　　当然，在大都市中，不缺那些从来不休息的人。周末不是继续加班工作，就是应付家里老中青三代的不同需求，自己的家人还不够忙活，还要应付姻亲。很多私人的事项，也得周末处理掉。

　　忙碌、忙碌，每个人都很忙碌。

　　追求、追求，每个人都在追求。

但是为什么这个社会、这个世界、我们人类，没有越来越好呢？

"若菱，怎么还不走？"邻座另一个产品部门的营销经理陈玉梅，拿着包包问。在这个几百人的大公司中，她是若菱唯一谈得来的好友。玉梅三十出头，还没有结婚，和若菱很投缘。

"哦，马上就走了！"若菱回答。

"OK，拜了，Have a nice weekend！（周末愉快！）"玉梅打扮得花枝招展，显然下班前已经换装，并且化了一脸的浓妆。

"没结婚真好！"若菱想。

没结婚，只有一个家；结了婚，却一下子有了三个家：你家，我家，我们家。

对若菱来说，年少时的"我家"就是一个冰窖，好不容易逃了出来；自己的"我们家"，如今气氛也是冷冰冰的。

不过跟"他家"比起来，"我们家"算得上是"春天"了。

她拖着时间，下班了还慢吞吞地赖着不走，原因无他，只因为今天得回婆家，和小姑子、婆婆吃饭。若菱的原生家庭已经是百里挑一的惨了，她的婆家也可以遴选为倒霉冠军——当然，是从媳妇的角度看啦！

婆婆早早守寡，一个人带大两个孩子。小姑子长得不错，偏偏一把年纪了还未嫁人，变成了"大龄剩女"，急坏了婆婆不说，自己的个性也变得古古怪怪的。

若菱结婚多年未孕，婆婆嘴上不明说，但语言、脸色的暗示，让若菱很不好过，偏偏小姑子还在旁边敲锣打鼓地帮腔。因此，若菱视每周回婆家相聚为畏途，能拖则拖，能避则避。

避不了，就故意在周末安排别的活动，所以"只有"周五有空，这样可以避免下午四五点就得回去，而且去的时候，还可以因为周五晚上容易塞车，或是老板临时交代了活儿要赶而迟到！吃完饭还可以说："哦！上了一天班了，真有点儿累了，不好意思，我得先回去了。"

这种戏码每周上演一次，若菱痛苦不说，婆婆、小姑子心知肚明，双方隔阂愈来愈深。

坐上志明的车，若菱又在思考老人临别时交代的功课。这次他说："你好好想想，我们到底是谁，究竟是什么东西阻碍了我们看见真正的自己。记住，死亡来临的时候，会把所有不能代表真正的我们的东西席卷一空，而真正的你，是不会随时间甚至死亡而改变的。"

"今天上班怎么样？你们的产品升级发表会是什么时候？"

志明照例询问若菱工作的事，作为两人交流话题的破冰。

"嗯，下周吧！"

看着两边的路灯向后飞驰，若菱的心，也飞到了那个温暖的小屋，随着壁炉的火光起舞。

老人最后是给了一些提示的：

我们从小到大，都有一个意识，那个意识在你小时候有记忆以来，就一直存在，陪着你上学、读书、结婚、工作。所以，有一个东西，在我们里面是一直没有变的，尽管我们的身体、感情、感受、知识和经验一直都在改变，但是我们仍然保有一个基本的内在真我，作为目睹一切的观察者。

这个内在真我不会随你的身体而生，也不随着死亡而消失，它可以观察人世百态，欣赏日出月落、云起云灭，而岁月的流转、环境的变迁，都不会改变它。

若菱内在有些东西和老人的话起了共鸣。

的确，那个基本的有一个"我"的感觉一直存在，不曾改变。那为什么我们感觉不到真我的爱、喜悦以及和平呢？

到婆家门口了，志明停好车，唤醒了沉思中的若菱。若菱慢吞吞地下了车，深深地吸了口气。

"又要上场演戏了！"这个思想在电光石火之间，让若菱的精神为之一振。

我们每个人不都是天天在演戏？扮演好员工、好朋友、好国民、好子女、好媳妇、好女婿、好父母，甚至好人！然而在这些戏份中，有多少是我们心甘情愿演出的？为了演好这些人生大戏的不同角色，我们每个人都要因时间、地点的不同而戴上一些面具，难道这就是我们看不见真我的原因之一？

若菱为自己的发现而感到非常兴奋，喜上眉梢。听到小姑子从里面应声开门的声音，都觉得亲切。

"既然得演戏，就好好演，好歹去角逐一下金鸡奖、百花奖！"若菱想，"谁怕谁呀！"

亲爱的，外面没有别人，只有你自己

06.

层层包裹的同心圆
未知的自己

　　若菱又开车上山，这次是轻车熟路了。

　　此刻，她的心情是既兴奋又紧张。每次要见老人之前，就会有这样的感受。

　　一路上，若菱还在为昨晚的事情感到困惑，或是说好奇吧。

　　昨天在踏入婆婆家时，若菱决定要扮演一个好演员，她微笑地迎接小姑子，探入厨房去看婆婆，并且真诚地要求帮忙，和以往客套的虚与委蛇完全不同。饭桌上，她突然觉得婆婆做的菜还真好吃，由衷地赞美了几句。

　　若菱看到微笑的婆婆眼中散发出光芒，以往在若菱眼中刻薄的嘴角、严厉的眼神，昨晚竟然消失无踪，好像奇迹一般。

　　最后离开时，婆婆甚至交代一句："工作别太辛苦了！"

　　若菱也感觉到了她的由衷关怀，竟然第一次感到有些不舍离去！

　　"这就是以假乱真吗？"若菱纳闷儿，"为什么我转变了我的状态，她也会有这样大的改变？"

"进来吧！"

正在门口发呆的若菱没来得及敲门，门就"呀"地一声打开了。门后，是老人慈祥的笑脸。

每次来到小屋，若菱浑身都会自动放松下来。

这里不是家，却有家的温暖，她的每个细胞来到这里都会微笑。

若菱轻松地坐下，却很急切地开口："我发现了一点，我们在世界上扮演的种种角色会遮盖我们的真我。还有，我们如何扮演自己的角色，会影响别人和我们之间的互动！"

老人看着若菱，此时的她，因为兴奋而两颊绯红，眼中洋溢着青春的光彩，和那个雨夜有家归不得的失意女子判若两人。

"很好！很好！"老人赞赏着，"别太快，我们一步一步来！你还有很多问题没获得解答呢！"

"是呀，为什么我们这么努力还追求不到自己想要的幸福？真我和爱、喜悦、和平之间又有什么关系？为什么我们会远离真我呢？光是角色扮演就能遮挡我们原来的面目吗？"若菱像连珠炮似的提问。

老人看着自己的得意门生，很欣慰若菱在这么短的时间之内，把几个重点抓得这么清楚。

他拿起粉笔，在石灰地上画了一个圆。

这表示完美的人生，对吧？若菱寻思。或者，这是一个套子，而我们是装在套子里的人？思忖间，老人的手并不停住，在圆外又画了一

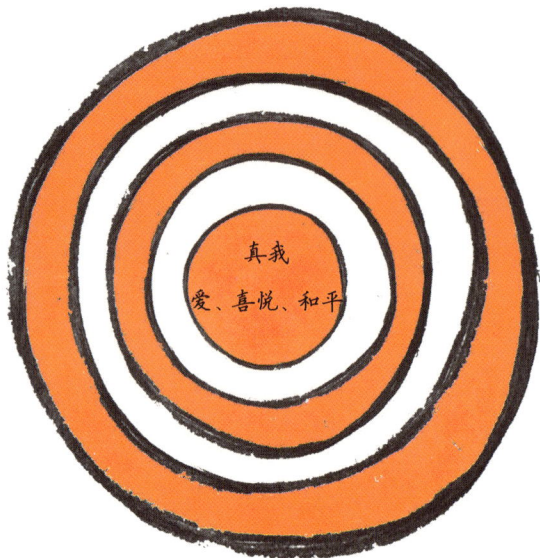

个大一点儿的圆。

　　然后又一个，又一个，最后成了一组同心圆，若菱迷糊了。只见老人提笔在最中间的那个圆圈里面写上：真我/爱、喜悦、和平。

　　然后他解释道："如果这个图可以代表我们人的心理机制的话，真我是被团团包围起来的，很难碰触得到！"说着，老人指着周围其他的大圈圈，"猜猜它们是什么？"

　　"最外面这个一定是角色扮演，是我们要戴的面具啰！"若菱还是不忘自己伟大的新发现。

　　"没错，就是它！"老人同意，并在外圈写上：角色扮演、身份认同。

"其他的……嗯，我猜，既然是心理机制，那就应该还有思想、态度、行为习惯等层面的障碍吧！"若菱想起来不知道在哪里看到的"思想改变态度、态度改变行为、行为改变命运"等这些说法，在此胡诌一番不知是否有用。

　　"嗯，"老人思忖着若菱的话，半晌，说道，"我们这样说比较具体吧。"

　　老人继续写上——思想／情绪／身体。

　　写完，老人拍了拍手，掸去手上的粉笔屑，看着被圆圈圈搞得有点儿晕的若菱说："我们失去了与真我的联结，但人类还是得要有'自

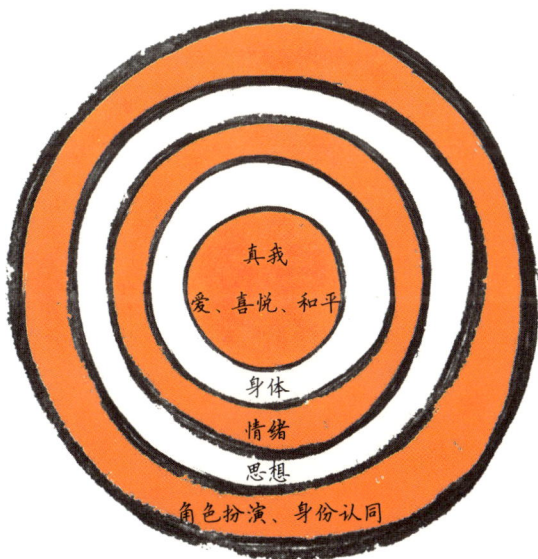

真我
爱、喜悦、和平

身体
情绪
思想
角色扮演、身份认同

我感'，于是我们向外发展，认同我们的身体、情绪、思想和角色、身份等，而一般人所谓的'小我''自我'（ego）于焉产生，汲汲追求外在的、物质的东西，以寻求满足。"

若菱确定这是她这辈子看过的最抽象、最难懂的图。

她决定不畏艰难地，先从最核心开始发问——

"为什么真我就是爱、喜悦、和平？"

"为什么瓜熟了就会蒂落？"老人反问。

他接着说："因为这是最自然不过的事情了。你去翻翻古老的智慧经典，看看古来智者的言语，他们说的都是同一件事——我们的本质就是爱、喜悦、和平。"

若菱其实没有任何的宗教信仰，没碰过佛经或是《圣经》，而对所谓的古代智慧典籍也素来兴趣缺缺，只有在学校书本上读过一些孔子、老子的简单教导，她不知道怎样去印证老人所言为实。

"任何能丢弃自己不实的身份认同，而且不被自己的思想、情绪以及身体所限制和阻碍的人，都能展现出真我的特质。"

老人继续说教，可是若菱想不起来生活中有哪一个人看起来能够真正地活出爱、喜悦、和平。好像只有特蕾莎修女啦、甘地啦，这些伟人才有资格，可是他们离我们现代人是那么遥远……那种境界是可望而不可即的。

老人看着满脸疑惑的若菱，遗憾地摇着头说："好啦，我会开一些书单给你，同时，我会介绍几个能够活出一些真我特质的人，让你去拜访他们，眼见为实。"

若菱笑逐颜开，觉得这个经历越来越好玩儿。老人还会介绍一些朋友给她？太有趣了！

看着和蔼慈祥的老人，若菱突然觉得，眼前的这个人不就是个充满爱、喜悦、和平的化身吗？

"我们每个人都在寻求爱、喜悦、和平，对吗？"老人再度发问。

若菱点点头。

"那我问你，如果你从来没吃过冰激凌，你会对冰激凌有渴望吗？你会想着冰激凌而流口水吗？"

若菱不知道为什么老人那么喜欢冰激凌，不过老人说得对，没吃过冰激凌的人，不了解冰激凌的滋味，怎么可能会有想吃冰激凌的欲望呢？

"所以，爱、喜悦、和平是我们曾经拥有的，甚至是我们的本质，所以我们才如此热切地追寻它们。"老人继续举证，"还有个简单的例子，你看看所有的小baby就知道了。"

若菱的心口抽了一下，随即低下头来。这是她心中的痛。在路上、电视上、杂志上看到那些可爱的baby照片，从爱怜、向往，到哀愁、怨愤，这结婚十多年的心路历程走得可不容易，只有当事人才能知道个中辛酸。

老人说的话，若菱能够理解。每个人看到小baby都会打心眼儿里涌出一股喜悦和爱。孩子似乎可以和天使画上等号，当然，是他们不哭闹、不拉屎、不撒尿的时候啦！

　　"孩子的哭闹是属于生命能量的一种自然流动，完全无损他们的本质。哭完、闹完，他们可以一下子又回到内在和平的喜悦境界。是大人自己没有办法承受，反而去打压他们，才造成问题的呀！"看着若菱不理解的神情，老人又补充道，"孩子的负面情绪会勾起父母自己内在压抑隐藏了多年的痛，所以会不顾一切地用劝慰、转移甚至恐吓的方式，让孩子停止表达负面情绪，但是，这样一来，父母等于在重蹈覆辙——让孩子也和他们童年时一样，无法好好表达自己的情绪，因而造成创伤。"

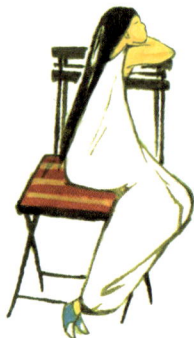

07.
这个世界是什么组成的
能量争夺战

每次若菱离开的时候，都是带着功课走的，这次也不例外。

老人要她先去体察一下，这个世界的实相究竟是什么。不过，若菱完全不懂"实相"的意思。

老人问她："你知道物质组成的最小分子是什么吗？"

若菱语塞，出校门太久了，平时从来也不看什么科学类的报纸、杂志，这是什么意思呀？"物质……嗯，科学家找出了原子、中子、质子……最后好像又说什么粒子……"她硬着头皮含糊地回答。

老人莞尔一笑，敲敲前面的桌子，然后送给若菱一头雾水的话：

"我们通常认为，空间是空的，而物质是实在的。可是事实上，任何物质本质上都是空的。很多现代伟大的物理学家告诉我们，即使看起来像固态的物质，包括你的身体在内，它们的内部几乎是百分之百的空间——原子和原子之间的距离，远超过它自身的大小尺寸。在所有的原子和分子的内部空间里，粒子其实占据了很小的空间，其余全是真空。而且事实上，这些粒子是不停地消失和出现的，像音符的波动一样，是振动的频率，也就是能量，不是一成不变的。"

除了这席话，老人还推荐一本书让若菱参考，叫作《水知道答案》[1]。

日本一位名叫江本胜的博士，让水分别听音乐、读文字、接收电磁波、看图片，给它不同的意念，然后将水冷冻两小时，通过显微镜观察它的结晶。结果竟然发现，水的结晶会因为听到、看到、收到的信息和意念是好还是坏而发生莫大的变化。

若菱听得目瞪口呆，半信半疑："这样说来，什么都是能量了呀？！"

不仅是所有眼见的物质，连看不到的声音、思想、意念、情感，都是某种有特定振动频率的能量啊！这真的是很好玩儿的一个观念！

但是那又怎样呢？跟我们又有什么关系呢？

若菱沉思着，从她十楼所在的窗户看出去，整个城市弥漫着一股紧绷、压抑的气氛。

难怪人家说，美国人在周一和周五生产的车子，我们不能买，基本上周一和周五都是工作情绪比较差的。为什么情绪比较差，做的车子性能就比较差？难道是工人的负面能量会传递到他所经手制造的机器？

若菱隐约记得报纸上是报道过，那些量子物理学家曾经证实：观察者会影响实验的结果，所以不同的人做出的实验结果是会有差异的。

若菱知道，有些人特别爱花、爱动物，说来也奇怪，那些植物及动物的成长、发展和表现也会因人而异。这么说来，我们与所有存在的生物之间，都有一定的能量振动的交流、互动啰？

"开会啰！"玉梅提醒陷入迷离思绪中的若菱。

若菱为了不那么匆忙，特意早一点儿到办公室，没想到还是屁股没坐热就得去开会了。

一进会议室，若菱就觉得气氛有点儿不太对劲儿。老板王力此刻面无表情地坐在公司老总陈文立旁边，不过面无表情本身就是一种表情，若菱可以感觉得出来他很不高兴。

销售老总陈达则坐在另外一边，不知道肚子里打的是什么算盘。销售和营销两个部门向来在公司里面有些紧张对峙的，销售部的同事总是埋怨营销部的人工作没做好，让他们销售工作难做。营销部的人觉得，销售人员没有好好把握住营销部门举办各种活动所带来的潜在客户，而且常常不支持营销的一些活动，包括提供资源、人力等等。

"这也是能量的作用吧！"若菱一面偷偷观察老板们的脸色，一面想着，"老板的负面能量虽然没有完全表露，但我们还是都感觉得到。"

销售老总果然开始放炮："我看了营销部门有关这个新产品的广告宣传和新闻稿，觉得自我意识太重，光谈我们的产品，却只字不提我们的竞争对手，还有客户。"

若菱老板的脸色此时明显不太好看。若菱也急了，很想开口辩解，但还是决定看老板怎么应付再说。

公司老总陈文立今天倒是意气风发，因为国内一家极有权威的商业杂志刚刚评选他为"年度业界风云人物"。他出来打圆场："新闻稿和文案当然不提竞争对手，难不成我们还为他们做广告？谁去向他们收广告费呀？"老总讲话故意很夸张，表情还特别丰富，逗得大家笑了起来，连王力脸上的肌肉都不由自主地放松了。

销售老总也在笑，不过他还是加了一句："客户总是得提提的。"

王力这时候开始说话了："我们这些资料，其实都是以我们客户的需求为中心而撰写出来的，特别强调产品的针对性，所以客户是常驻在我们心中的，见不见诸文字不是那么重要。"他也试着调节一下凝重的气氛，"就像你爱你老婆，也不必天天挂在嘴边说爱她，对吧？"

此言一出，大家哄堂大笑，老板之间更是在那里互相戏谑"妻管严""口惠不如行动"这类的玩笑话，一时之间气氛立刻改变。若菱在旁边亲身经历了这一场"能量消长战"，不得不啧啧称奇。

"好的能量和负面能量一样，都有很强的传播力和影响力，能量这个东西还真是有点儿道理呢！"若菱微笑着想，"还好这次没有被流弹波及！"

---

[1]《水知道答案》，南海出版社出版。

不仅是所有眼见的物质，连看不到的声音、思想、意念、情感，都是某种有特定振动频率的能量啊！

08.
你所招引的人、事、物
吸引力法则

　　为了多了解一些能量的作用，若菱踏进了从大学毕业以后从未涉足过的图书馆。她拿出大学时候的研究精神，仔仔细细地收集资料，把最有用、最有意思的资料整理出来。

　　她觉得有一篇报道特别有意思。

　　美国一所中学做过一个小小的实验：找来两位教学成果差不多的老师，让其中一个老师去教"放牛班"的学生，却告诉他这是"资优班"，请老师认真地带领他们。另一个老师去教"资优班"，却告诉他这一班是普通班，随便教教就可以了，不必太费心。

　　结果一个学期下来，原来普通班的学生成绩竟然比资优班的学生成绩要来得好，证明了"观察者影响被观察者"的实验结论。

　　另外一篇报道是说一个日本小学生做的米饭实验。在教室中放三碗米饭，每天上学的时候，同学们对第一碗米饭说："我爱你，你好好吃哦！"第二碗米饭完全没有得到任何关注。第三碗米饭得到的话语是："你丑死了，没人要理你！"

一个月后，第一碗米饭变成黄色，发出酒香味儿；第二碗米饭变黑发臭，还长出霉菌，见证了无人理睬的悲哀；第三碗米饭稍好一点儿，变黑发臭，但是因为至少还有人理睬，所以情况不如第二碗那么糟。

"我们的话语和意念真有这么大的力量吗？"若菱真是不敢相信。

还有一篇文章谈到了"吸引力法则"：在一个房间里放满了不同频率的音叉，如果振动其中一个音叉，另外一个和它振动频率相同的音叉也会被引动。

所以如果一个人充满了快乐、正面的思想，那么好的人、事、物都会和他起共鸣，而且会被他吸引过来。同样的，如果一个人老带着悲观、愤世嫉俗的思想频率，那么就难怪常有倒霉的事发生在他身上了！

"这也说明了臭味相投、物以类聚的道理吧！"若菱掩着嘴笑。

带着笑意，若菱又来到了小屋中，老人还是点上了壁炉的火等着她。

"怎么样？能量世界的探索如何？"老人往摇椅上一躺，优哉游哉地问。

"真好玩儿！"若菱像个发现新大陆的孩子，"我们的每一个思想都带有一定的能量，偏偏我们的习惯就是胡思乱想！"

"是啊！"老人同意，偏过头去斜睨着地板，上周他在地上画的那些圆还在。

若菱看着圆圈，虽然不再那么晕头转向，但还是不知道能量的研究和这些圆圈有什么关系。

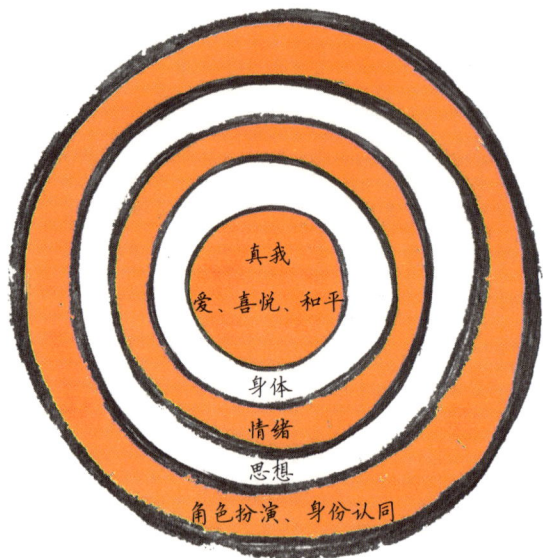

真我
爱、喜悦、和平

身体
情绪
思想
角色扮演、身份认同

　　"你看！"老人指着圆圈最中心，"这里就是我们生命能量的来源！"

　　若菱低头看着圆圈，被这个陀螺深深吸引，在壁炉柴火的跳动光影中，突然有了些触动和感悟："哦！所以我们的身体、情绪、思想和角色扮演、身份认同这些能量，把我们生命能量的源头团团围住，也隔绝了爱、喜悦与和平！"

　　说完，若菱也没有抬头看老人，只是兀自沉溺在此刻深深的感触之中。

老人也没有搭腔，算是默许了若菱的猜测。

房间的气氛霎时有些严肃。

"你们周一会议室上演的那幕戏，说明了一个人的能量，不管是正面还是负面的，对他周遭的人、事、物都会造成影响。同时，它也显现出现代人最大的问题——能量争夺。"老人语重心长地说，"我们因为与自己生命的源头没有联结，失去了能量的来源，所以不停地向外求取，以获得能量。更糟糕的是，和我们的同胞——其他的人，争夺能量。"[1]

"你是说像我们公司两个老板的互相较劲儿，也是一种能量的争夺？"若菱问。

"是的，不但是一种能量的争夺，也是ego对ego的战争。"老人点头，"像夫妻之间、亲子之间、朋友之间、亲友之间，这种ego能量争夺战屡见不鲜。"他停顿了一下，思索着用比较好的词句来解释这个可怕的现象：

"现代社会像个杀戮战场，每个人都在用不同的方式去夺取别人的能量，像控制他人、用权力驾凌于他人之上，获得别人的关注、认可、喜爱，或是证明自己是对的、好的、高人一等的，不一而足。"

"所以，如果人类能够掌握重新联结自己生命能量源头的秘密，就不需要再用这种手段去争夺能量了？"若菱充满希望地问道。

"是啊，我们现在就像一群穴居人，在洞穴之中，为了抢夺火把而拼得你死我活，却不知道，只要走出洞外，我们就有取之不尽的太阳能！"老人感慨地说。

"那你赶快说说，怎样才可以突破重重的障碍，而让我们接触到自己生命能量的源头呢？"

急性子的若菱再也按捺不住了，她拿起粉笔，在圆圈圈上画了一些破折线。

老人笑吟吟地看着迫不及待的若菱："不急、不急，慢慢来。我一定会为你揭晓这个谜底的，但是关于能量，还有些事要告诉你呢！"

老人停下来喝口茶，慢条斯理的模样，让性急的若菱有点儿按捺不住了。

"平常你看到一些人，是不是会感到亲切、舒服，但又说不出个所以然，为什么对这些人会特别有好感？"老人没头没脑、突如其来地一问。

"是呀，"若菱老实地回答，"但是……"她欲言又止。

"是不是有些人又让你特别讨厌呢？完全没有理由的。"老人仔细端详着若菱的反应。

"是的，讨厌还算客气呢，"若菱说，心想老人果然懂得她的心思，"有的人看了一眼就不想再看第二眼！"

"这也是能量的作用。"老人意有所指地说，"因为每个人的能量振动频率或多或少都有所不同，和你振动频率相近的人，就是你看得比较顺眼的人啦！"

"这就是'物以类聚'！"若菱想起了自己在图书馆中的新发

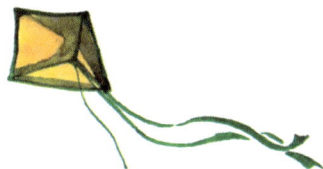

现，不禁佩服自己的先知先觉。

　　"等一下，"若菱突然想到了一个重要的问题，"那么我怎么知道自己能量的振动频率是什么样子的呢？"

　　"看你周围吸引来的人、事、物就知道啦！"老人莞尔一笑，"因为你的思想、情感都带着一定的能量振动，所以会吸引和它们振动频率相近的人、事、物呀！这一点，以后我们在讨论到'心想事成的秘密'的时候，我还会再说。"

　　"心想事成的秘密？"若菱睁大了眼睛，兴奋、期盼地看着老人。

　　老人却不再看她，暗示她可以离去了。

　　若菱带着复杂的情绪再度离开了温暖的小屋。

....

[1]有一部电影叫作《圣境预言书》，同名书籍由台湾远流出版社出版（在大陆也叫《塞莱斯廷预言》，中国城市出版社出版），里面对人类的能量争夺过程有很清晰的描述。

09.

巧遇旧识

潜意识初探

每次离开老人那里，若菱都觉得很充实。可是这次若菱开始有些遗憾了，因为她还是希望老人赶快告诉她破解那些圆圈圈的秘诀。若菱得到的答复却是更多的家庭作业。

显然，时机还没到吧！

这次的功课是这样的——首先，要找一些关于意识和潜意识的资料，说明两者的区别和作用；再者，就是要找本书，把书上说的一些话抄下来；最后，老人给了若菱一份宣传单，是一个电影欣赏导读会的通知，让若菱去看一场电影。

"有个功课是看电影，这还真有意思！"若菱坐在图书馆，兀自发呆。

她感觉前方有个高大的阴影。

十几年前若菱读大学的时候，志明在自己用功时便常常这样出现在她面前。此刻她一抬头，打算看看是什么人挡住了自己的光线。

一张熟悉的面孔。

"啊，你是……"若菱惊呼！

"是，还记得我吗？"一个潇洒的男人朝着若菱微笑。

"李建新……你不是在国外吗？"若菱有点儿结结巴巴的了。

"我应国内大学的邀请回来担任客座教授。"男人含蓄地回答，然后谨慎地问，"你好吗？"

"我很好！"若菱很快恢复镇定。

"家里都好吗？"

"好……"若菱应付着。不过是大学的老同学嘛！虽说是老同学，这么多年不见，却怎么有点儿不自在？跟他的能量有关吗？若菱暗自问自己。

"你怎么还在图书馆用功啊？"李建新嘴角有一丝戏谑的微笑。

"我……嗯，我在查一些关于意识和潜意识的资料。"若菱小心翼翼地回答，很怕他再多问。

"哦，那你可以看看卡尔·荣格的著作，讲得很清楚。"李建新快速地回答，好像跟卡尔·荣格很熟似的。看到若菱的惊愕，李建新接着说："我对心理学很有兴趣，虽然学的是理工，但是修了不少心理学的学分，在国外也特别去听过荣格学院教授的演讲。"[1]

若菱知道自己在这个话题上讨不了好，小我已经受到了严重的威胁，赶紧说："哦，那我去那边看看。"

"我们交换一下电话吧，大家好久没聚了，改天一起出来喝咖啡、聊是非。对不起，我刚学的俏皮话。"李建新眨眨眼。

　　"好啊！"若菱口是心非地回答，心里却想：谁有闲工夫跟你喝咖啡，我得赶紧把老人交代的功课搞定才是。

　　照着李建新的建议，若菱果然收集了一堆关于意识、潜意识，甚至集体潜意识的资料。

　　大约一百年前，我们伟大的心理学家发现了人类的潜意识。它控制了我们的思想、感觉、行为，以及对人、事、物的反应，还有我们的人际关系和做决定的过程。

　　它是一个看不见的世界，但是主宰着我们外在的世界。我们的意识、自我的了解、思考、理性、判断、感情都是从潜意识来的。我们在意识层面对自己一切的认知、喜好，只是占了我们自己全貌的1%而已。潜意识是非常强大的力量，它对我们的自我有完全的影响，而它的99%是我们所不知道的。

　　若菱知道这是所谓的冰山理论：我们的整个意识像座冰山，在水面上的表意识，只占了1%。有些理论说是5%或10%，不论如何，我们可以感知和控制的部分是惊人地少！

　　另外若菱还看了一个著名的、关于明尼苏达双生子的追踪研究。这一对双生子从小因家境的关系被迫分离，在不同的家庭环境中长大，彼此也不知道对方。等到两个人都三十多岁了，研究人员找到他们，做了一个生活、个人资料的探讨，发现两人的生活有惊人的相似之处。

两人在同一年结的婚，老婆也是双胞胎。他们养同一品种的狗，连狗的名字都雷同。所生孩子的性别、顺序也一样，生活中这样的雷同现象达到了70%以上。

"难道我们真的是被潜意识牵着鼻子过我们的一生？"若菱真的好震惊！

第一项功课已经把若菱搞得晕头转向了，一看手表，电影放映的时间快到了。

电影的名字很奇怪，叫作《我们到底知道多少？》[2]，说是从量子力学的角度来探讨世界的种种现象，若菱很怕自己到时候会睡着。

匆匆忙忙地，若菱按照地址来到了朝阳公园边上的一栋小楼。这是一个台湾女子开的工作室，平常不对外开放，只是邀请朋友来聚聚。若菱觉得有点儿冒昧，也觉得挺荣幸的。

一进到工作室，若菱就被整个空间吸引住了。空气中散发着淡淡的不知名的香味，室内的装修、摆饰都非常具有禅味，好特别的地方。

若菱来的时候电影还没开始，于是开始浏览书架上摆放的书。很多都是台湾版的书，若菱瞥到了一本以一个大光头为封面的书，作者就是老人推荐的书的作者——肯·威尔伯[3]。

若菱拿起了"大光头"，浏览这本叫作《万物简史》的书。虽然是繁体竖版，若菱每个字都看得懂，但是放在一起就每一句都不懂了，真奇怪。老人推荐的书会不会也这样？若菱打着哆嗦，看到了女主人，她鼓起勇气问："请问您有没有看过这个人写的《恩宠与勇气：超越死亡》？"

"当然有！"女主人嫣然一笑，"你去美术馆旁边的三联书店就买得到，当当网最近缺货了。"若菱一听，知道这个台湾来的女主人对北京还挺熟的呢！

---

[1]对荣格的学说有兴趣的人，可以参考《荣格自传》，上海三联书店出版。

[2]《我们到底知道多少？》（*What the Bleep Do We Know!?*），是一部从量子物理学的角度，探讨心灵世界和物质世界交互作用的电影。

[3]肯·威尔伯（Ken Wilber）是超个人心理学界的天才、意识研究领域的爱因斯坦，他的著作相当多，比较容易读的就是《恩宠与勇气：超越死亡》，生活·读书·新知三联书店出版。

10

当灵性与科学相遇

我们创造了自己的世界

来工作室的人潮逐渐涌入，若菱赶紧找了个座位，一屁股坐了下来。女主人简短地介绍了这部电影的背景，说2004年在美国推出的时候，是当年电影票房排行榜的"发烧片"。

卖座的原因不是去看的人多，而是一个人看很多次，有个律师就看了十次，因为他不相信自己会看不懂一部电影。

若菱想，那完了，我可是一点儿希望也没有了。

不过，既来之，则安之，看不懂就欣赏男女主角也好吧！

第一段电影结束，正在若菱满头雾水、小我深受打击的状态下，女主人上台了。听说她以前是台湾的电视新闻主播，口才一定不错。经过她清晰生动的引导，若菱总算稍稍理解了刚才电影片段的意义。大体上就是说：我们的大脑每秒要处理四千亿位元（位元，bit，二进制数字，每个0或1就是一个位元）的信息，但是我们只能意识到其中两千位元的信息。

所以，我们会选择性地去看东西，并且以此来体验这个世界的人、事、物。

至于如何选择，受到个人从小被灌输的各种约定俗成的观念、信念、标准、价值观等的影响，完全是因人而异的。所以，每个人每天环顾四周，看见的是他想看见的东西，其他的东西大脑会自动除掉。"每个人的价值观和成见就是这样形成的吗？"若菱想，但不好意思举手发问。

这段影片也说到了老人曾经要若菱研究的"物质的实相"和"观察者影响被观察者"的问题，若菱对这个部分胸有成竹，挺得意自己曾经接受"秘密教导"，小我的尾巴就开始翘了起来。

若菱突然觉得，自己像是金庸小说里面的主角，出身贫寒、资质普通，但是因为机缘巧遇高人，经由指点，再加上自己勤奋的努力，终于练成盖世神功……

女主人又一句石破天惊的话打断了若菱的武侠白日梦："因为所有的一切都是能量的振动，而观察者又会影响被观察者，所以我们创造了我们自己的世界。"

若菱觉得这句话还是很难消化。

"我们创造了自己的世界？那每个人的世界都应该是很美好的呀，为什么这个世界还如此丑恶？"若菱不敢当场反驳。

电影还说什么"科学家证明了，同一件物品可以同时存在于不同的地点"，还有照片为证。

"那又怎样？"若菱心想，"如果真是这样，那么前几年自称会分身，最后却入狱的那个神棍，就是被大家误会了，他倒应该是上师，不是神棍啰！"若菱偷笑。

第二段电影开始，若菱被影片中什么脑部的神经生理生化反应弄得头晕眼花，眼皮上住满了瞌睡虫。等到女主人上台，若菱的精神才为之一振。

做过新闻播报员果然就是不一样。她言简意赅地归纳道：

"如果你不断重复做某件事，从生理学角度来说，我们某些神经细胞之间就会建立起长期且固定的联系，比方说，如果你每天都生气，感到挫折，每天都很悲惨、痛苦　　那么，你就是每天都在重复地为那张神经网络接线和整合。这就变成了你的一个情绪模式。"

若菱想，那我遇到不如意的事情就生气的那条神经应该很粗啦！

那志明呢？志明应该是遇事就退缩的神经网络特别发达吧！

"更糟糕的是，"女主人话锋一转，"当我们在身体层面或是大脑层面产生某种情绪感受时，我们的下丘脑会马上生成一种化学物质，叫作"胜肽"[1]，随着血液跑到我们身体的每一个细胞……被细胞周边的上千个感应器所接收。久而久之，感应器对某种胜肽就有了特定的胃口，会产生饥饿感。所以如果你很久不生气的话，你的细胞会让你有生理的需求想要去发脾气……"

这个倒真是恐怖呀，不是跟毒瘾一样吗？！

若菱有点儿坐不住了，一天接收这么多信息，真有点儿受不了，她也不想再分析了，趁着放第三段电影的时候悄悄地溜了出去。

回到家里，志明还没有回来，隐约记得他说今天晚上学校有个庆祝派对，为一个荣升教授的女同事庆祝。若菱有点儿饿了，进厨房煮了点儿东西吃。

想想这几周以来，自从遇到老人之后，若菱愤世嫉俗的脾气似乎有些转变，至少发脾气的次数减少了很多，她感到欣慰。

可是似乎和志明的距离愈来愈远了。

以前回家，两人还会聊一些公司的事，虽说是抱怨这个、抱怨那个，但抱怨也是一种交流方式啊。最近若菱自省的时间比较多，很多时候都在回想老人的话，并且拿当天发生的事情来分析、佐证，话就讲得少了。而志明这一段时间也特别沉默，两个人很久没有亲密感了。

到现在若菱还没有跟志明提起老人的事。她可以想象志明这个唯物主义论者不屑的嘴脸。她自己也还是半信半疑地在摸索，所以希望都搞清楚了以后再跟志明说。

想着想着，在沙发上，若菱进入了梦乡。

若菱被推门声惊醒时，一看钟，已经十二点多了。抬头看刚进门的志明，微醺，平时若菱一定会埋怨他，今天却觉得他的脸红扑扑的，煞是好看。

看到若菱还没睡，志明有点儿惊讶，低下了头，抱歉地说："去K歌，回来晚了。"

若菱没说话，拉着志明的手坐了下来。若菱知道志明怕她生气，这是以往常见的戏码。不过若菱已经有些不同了，而且今晚的她，希望和志明亲热亲热。

"好久没做了，"若菱想，"志明应该很高兴我的投怀送抱吧！"

两人在一起十多年了，做爱做的事已经不再新鲜，若菱尤其没有兴趣。作为一个男人，志明的生理需求毕竟要强一些，若菱心情好的时候可以配合配合，心情不好的时候就装不知道、装累、装头痛，反正各种伎俩都使过。

"我累了。"志明当然明白若菱的意思，却含糊地说。

若菱一愣："这不是平时我的借口吗？怎么变成他的了？"

两人上床睡觉以后，若菱还是不死心，伸手抚摸志明的胸膛，这是志明的敏感带，也是若菱最欣赏志明身体的一部分。志明的胸肌发达、开阔，最能表现他的男子气概。但志明"嗯"了一声，翻过身去，背对着若菱，不到一分钟就打起鼾来。

若菱气结，小我萎缩到不行，睁着眼到大半夜才睡着。

....

[1]胜肽（peptide），是一种氨基酸，现在有很多化妆品也强调是胜肽产品，可以从细胞最根本处改善皮肤。

11.

命好不怕运来磨
潜意识中的人生模式

若菱身心俱疲地来到小屋中。

不但昨晚没睡好，今天开会又被整得很厉害。主要是这周要举行产品发布会和记者会，老板们巨细靡遗地问了很多细节。两个老总在这些会上也要较劲儿，都想抢先发言，谁也不愿在谁之后。最后，总算定了下来：销售老总在产品发表会上先发言，毕竟他是面对客户的；而营销老总则在记者会上先发言，代表公司宣布这个产品的升级。

"真是累呀！"若菱想，"怎么官做得愈大，小我的需求和胃口也愈大呢？！"

老人看得出来若菱的疲惫，进门后让她坐下，倒了杯茶，让她喘口气。

过了好半天，若菱才能把心思带回到老人交代的功课上面。她开门见山地问："潜意识真有那么大的能耐吗？"她言简意赅，老人也知道她问话的意思。

拿起粉笔，老人这次是在墙上画画儿。首先画了一匹马，然后是

我们自以为可以操控我们的生活，做出自由的选
择，但实际上，我们是一部自动化制约模式下的
机器，很多时候身不由己

一辆马车，加上马车夫，后面还有位乘客。

　　若菱不知道他葫芦里卖的又是什么药，不过这幅图画倒是挺有趣的，让她精神为之一振。

　　"这幅图就代表着我们的人生。"老人开始上课了。

　　"马车的构造和质量，代表我们的命，有些人命好，含着金汤匙出生，驾着六轮大车，或是聪明能干，或是美貌迷人。有些人命不佳，驾着两个轮子的小车要混一生，出生穷困，生不逢时，才智平庸，其貌不扬。而这路程，就是我们的运，有时康庄大道，有时羊肠小径，而所谓命好不怕运来磨，马车大的时候，走险坡也不觉得摇晃。"

　　老人讲得摇头晃脑，有点儿江湖术士的味道，逗得若菱笑了起来。

　　"这部马车的前进是要靠这匹马，"老人继续说故事，"而且你问这匹马：'你有没有权利决定怎么行进呢？'马儿会说：'有啊有啊！我这不就是努力地在前进吗？没有我，这车是走不动的呀！'但是你要问它：'那你刚才为什么左转呢？'它会说：'我觉得左边的脸紧紧的，我就转向了呀！'"老人说到这里，停下来看着若菱的反应。

　　聪明的若菱已经明白了这匹马的角色是什么了，就是我们的表意识，我们自以为可以操控我们的生活，做出自由的选择，但实际上，我们是一部自动化制约模式下的机器，很多时候身不由己。就像这匹马，不知道左脸紧是因为马车夫收紧了左边缰绳的缘故。

　　"那么这个马车夫代表的就是我们的潜意识了？"若菱问道。

　　老人看出若菱的领悟，点了点头："也就是我们人生的自动化导航系统。"

"但是真发号施令的是坐在后面的乘客吧？他要去福州，这个车夫可不会往北走的！"若菱又问。老人也给予肯定的目光。

但是这个乘客是谁呢？若菱有点儿纳闷儿。看着墙上的这幅图，若菱的目光又移到地上的圆圈上，突然灵光一现："啊，这个乘客代表的就是我们的真我！"

老人嘉许地点头，不过这次若菱并没有像往常猜对答案时那样得意，反而愈发沉重起来。老人感受得到她的状态，静默地在一旁守着她。

"我们怎么跟真我沟通呢？"若菱沉默了一会儿，开始发问。"这好像又回到我的老问题，"她指指地上的圈圈，"怎么突破重重障碍寻找真我？"

"是的，"老人点点头，"不过，在寻找真我的过程中，我们先要努力地把潜意识的部分尽量带到意识层面，这样我们离真我也会愈来愈近。"

老人边说边在圆圈上加画了一些东西。

"所以你要加大这块饼的面积！"老人指着图中5％意识的部分，"先去潜意识里面探寻你那个被制定好的自动化程序（auto-programming）是什么，把它带到意识层面来，让意识之光为你破解生命中对你已经没有用处的一些人生模式。"

"天啊！这是普通话吗？"若菱想，"这一大串词语到底是什么意思？或许，我得去寻找一样东西，这个东西就好比点金石，能把我生活中的负面成分都清除掉，留下光灿灿的闪亮人生？既然有这样好的东西，为什么不一开始就把人生模式设计得好一点儿？我从小到大所受的苦到底有什么意义？是谁在掌控着这一切？"

若菱觉得自己的思绪又像毛线球了。她决定从一个最基本的问题着手："这个自动化程序，还有你说的人生模式，是谁帮我们写好、定好的呢？"

"这个问题也真的是大问题！"老人认真地思索着表达的方法，"你可以说是我们人一生下来就有的一些性格倾向，像外向、内向、悲

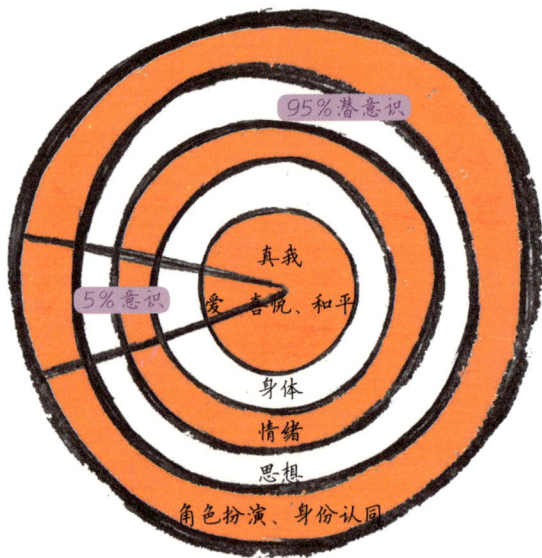

观、乐观等。然后，我们后天的环境，像家庭、学校、社会、朋友等，都会帮助我们在童年的时候定好一些游戏规则，让我们创造了种种的价值观和信念。"

"我给你举个例子吧。"老人看到若菱满脸的问号，谅解地说，"有一个父亲，抛弃了老婆和三个儿子，完全置他们于不顾。老大长大后，成为一个很好、很负责任的父亲，因为他潜意识的信念是：我不可以像我父亲一样伤害家人。老二终生未娶，因为他潜意识的信念是：我不信任婚姻，因为我可能也会和父亲一样。老三却做出和父亲一样的事，因为他潜意识的信念是：我要和我父亲一样。"

老人看看若菱，她仍陷入深沉的思考中，于是又拿粉笔在墙上写了一个公式：

性格倾向 × 外在环境 × 各种教育 × 生活事件 × 前世业力（如果你信的话）= 人生模式

"你看清楚啰,是乘号不是加号,所以变数很多,特别复杂!"老人又加了一句。

若菱似懂非懂,但她还是提出了很实际的问题:"那我们怎样可以知道自己潜意识里面,到底有什么样的模式在以自动化程序的形式运作呢?找到了以后又怎么除去那些不好的呢?"

"很好的问题,"老人满意地说,"潜意识里的东西会利用很多方式与我们沟通,就看你能不能警觉到,并且理解它。"

老人停顿了一下,笑着说:"这就是你这周的家庭作业!"

若菱一愣,一脸无奈的表情。

"然后我会慢慢告诉你,怎么样去应付我们种种潜藏的人生模式。"老人眨眨眼,"上周其他的功课呢?"

"电影看了,书买了还没看。"若菱嗫嚅地回答,"电影看不太懂……"

"没关系。我让你查的资料和电影里面的一些内容,我们以后都会用到。你到时候可以再去看一次,我也不指望你一次就看懂。"老人微笑,然后就低下头不语了,若菱知道访谈时间结束了。

"是的,就像我自己的人生,也不是一下就能够读懂的,慢慢来吧!只要有信心,我一定能够读懂自己。"若菱暗自下了决心,悄悄地起身离去。

12.
遇见难得的知音
潜意识的表达方式

"潜意识用什么方式和我们沟通？"在产品发布会结束之后，这个问题就一直缠绕着若菱。

在产品发布会的过程中，若菱总算体会到将老人的教导实际应用在生活中的好处。像往常一样，在发布会前一天，若菱就会紧张得睡不好。发布会当天，若菱感觉自己心跳加速，手脚冒冷汗，典型的焦虑恐惧症。

不过这次若菱觉得好多了，因为她记得老人的教导：你不是你的工作，你不是你的表现，你不是你的成功，也不是你的失败。这些外在的东西，丝毫动摇不到你那个内在的真我，看清楚小我的虚假认同！

虽然若菱还是没怎么感觉到真我，但是她发现这个"以上皆非"的小我否定法很管用，她像念咒语似的反复提醒自己："我不是我的工作，我不是我的……"这帮助她安静下来，回归到自己的中心。结果发布会进行得异常顺利，出席的来宾比往年都多，记者会也办得轰轰烈烈。

所以若菱觉得，自己不那么用力地做事以后，效果反而更好。更重要的是，自己觉得轻松愉快，也因此更能享受事情做好之后的成果。

我们的本质就是爱、喜悦、和平

"今年的业绩，应该是特优了吧！"正在若菱开心之际，手机响了，一看，居然是李建新打来的。

若菱其实正在想是不是该问问他关于潜意识的事情，没想到电话就来了，这就是荣格说的synchronicity（同步性、同时性）[1]吗？

"最近好吗？"李建新在电话那头问。

"哦，很好，刚忙完产品发布会！"若菱愉快地回答。

"哦，那正好，我们出来聊聊吧！明天晚上怎么样？"李建新的声音充满期待。

"嗯……我问问看志明有没有空。"这么多年了，若菱已经有点儿不习惯跟男人单独见面、吃饭。

"哦……当然，老同学了，我也好久没见到他了。"李建新没料到若菱会提到志明。

"我晚上再给你电话！"若菱急忙挂断，脸都红了。也不知道自己为什么会这么敏感，不过是老同学见面吃吃饭、叙叙旧嘛，何况若菱是真的有事要问他。

"我的潜意识在干什么呢？"若菱想想也觉得好笑。

第二天傍晚，若菱和李建新单独见面了。志明没空，说要赶论文，要若菱代他向李建新问好。这正中若菱下怀，因为志明在的话，她就不好意思跟李建新谈得太多了。

李建新挑了一家在高级大酒店顶楼的西餐厅，可以把城市夜景一览无余。若菱怀着鬼胎，不知从何问起，还好李建新先发制人："你上次的资料找到没？"

"嗯，是找到了一些不错的资料。"若菱忍不住和他分享老人说的马车模型。

李建新听得眼睛发亮，一直问若菱是从哪里找到这些资料的。若菱搪塞不住，只得含糊地说是自己综合了一些东西，胡思乱想出来的。

"哇，你真不愧是我心目中的女神！"李建新忘情而崇拜地说，害若菱羞得满脸通红。一方面是自觉惭愧，另一方面是自己隐隐约约地觉得，李建新其实从大学开始就对自己有好感，但这样露骨的表达还是让她招架不住。

"对不起，我太激动了。"李建新看到若菱的反应，自己也有点儿不好意思。

若菱心里的小我暗爽，嘴上却打趣道："是神经的'神'吧？"

李建新一脸诚恳地说："真的，我很少能碰到这样的知音呢！"

听到这话，若菱心里想，多么希望志明就是自己身边的知音！

停了一会儿，若菱问："以你的了解，你认为潜意识平时都是用什么方式和我们沟通的呢？"

"一般心理学家都说，梦是潜意识通往意识的桥梁。[2]"李建新不假思索地回答。

"所以潜意识有预警的作用啰？"若菱印象中的梦好像是有预兆性的。

　　"不但如此，梦可以给我们很多启发、鼓励，还可能把你做梦当时白天生活的一些心态整理出来给你看。梦当然有示警、指引的功能，同时还可以让你宣泄情绪或展现出被你自己压抑的人格特质。"李建新一口气说了一大堆。

　　若菱尽量装出听得懂他在说什么的样子，然后很轻松地问一句："除了梦以外呢？"

　　李建新愣了一下，诧异她转换话题的速度。

　　不过他还是继续提供自己的意见："很多看似简单的生活事件，看起来好像无足轻重，可是都潜藏着一些信息。比方说你想从事某种行业，因此要去考一个证，结果考试当天找不到准考证啦、交通堵塞啦等等，诸多不顺利的事情接二连三地发生，就显示出你的潜意识其实并不想要走这条路。"

　　"还有一些一再出现的生活模式……"若菱尽力接腔，努力运用一些"套话"的技巧。

　　"对！就是！"李建新立刻对"女神"表示赞同，虽然他自己更像是个半仙。"如果你的人际关系一再出现相同的模式，比方说你的同事、老板和你相处的模式，不管你走到哪里都碰到同样的人、同样的事、同样的互动方式，这时你就知道是潜意识的一个模式在主宰你的命运和行为了！"停了半晌，李建新又补充："还有就是你生活中每天出现的负面感受，像是感觉自己不被爱，不受重视，不重要，自己是受害者等，都是潜意识的模式在运作。"

你不是你的工作，你不是你的表现，你不是你的成功，也不是你的失败。这些外在的东西，丝毫动摇不到你那个内在的真我，看清楚小我的虚假认同！

"对，这就是寻找我们潜藏的人生自动化导航系统模式的一个好方法。"若菱故意用从老人那儿偷学来的一连串专业术语，其实她也搞不清楚自己在说什么。"还有……"若菱假装在沉思……

"还有就是你说漏嘴，不经意说出或做出来的一些事，虽然与你的本意不相同，但可能就是你潜意识里真正的想法。"李建新熬不住，抢先说了出来。

若菱立刻点头赞同，心想这几条我可得好好记住。这时，她想到那部电影说的情绪、什么胜肽的上瘾，就小心翼翼地说："还有一些上瘾症……"

"对啦！"李建新一拍大腿，"瘾头，就是嘛，我怎么没想到！像有些人明明知道抽烟不好，可是阻止不了这种慢性自杀行为，这就是潜意识在操控的最好例证！"

他所说的和若菱说的并不是完全相同的意思，不过若菱觉得他说得很有道理，也点头称是。

一顿饭吃下来，若菱搜集到了足够的资料，李建新也感觉碰到了知音，双方各取所需，各自开心地打道回府。

---

[1]synchronicity，同时性、同时性，意指有意义的巧合，就是两件看起来毫不相干的独立事件，却有相关的意义在内。注意你生活中发生的一些同时性的事件，可以看到一些潜意识的轨迹，找出各种事件对你人生的某种意义。

[2]可参考弗洛伊德的《梦的解析》（国际文化出版公司出版），或是在网上搜寻"解梦"的书，荣格也有很多有关解梦的著作。

13.
回溯童年的记忆
我们身体的障碍

老人听了若菱有关潜意识的报告之后，满意地点点头，然后揶揄地说："有枪手帮你吧？"

若菱脸红了一阵，低头不说话。

老人不再继续追击，只说："很好，当你的生活中出现这样的情况时，你要记得是你的潜意识在和你沟通的迹象。"看到若菱面有难色，老人加了一句，"别担心，我也会提醒你的。今天我们正式开始进入圈圈解套的工作啦！"

"真的吗？"若菱兴奋地猛抬头，差点儿跳起来。

老人摇摇头，笑若菱的稚气，然后指着地上的圈圈："在真我周围的这一圈是身体，身体是怎么构成我们与真我之间的障碍的呢？"老人顿了一下，突然问若菱："你想不想从头开始寻找问题的答案？"

若菱点点头。

老人问："你记得你出生时的经过吗？"

若菱理所当然地回答："当然不记得啦！"

"其实你的身体记得，你不妨问问自己的身体。"

老人严肃地举起手来，若菱不由自主地看着老人的手，只见老人一面把手放下，一面以权威性的声音说："闭上你的眼睛！"若菱照做了。

"想象你是一个在妈妈肚子里的胎儿，此刻你所在的空间，很柔软、很温暖，在一片黑暗中，四周都是水。你像一条小船，轻轻摇曳。你还听到很大的、有规律的鼓声，咚咚咚，那声波抚遍你的全身。还有流水的声音，以及其他一些不规律的声音，你充满了好奇。"然后老人问，"你此刻感觉怎么样？"

"真舒服！"若菱如实地说出了她的感觉。

"很好，但是小心啦！"老人警告她。

"在温暖的怀抱中，突然有压力从四周挤压过来，只是一瞬间，却是你从来没有经历过的，你开始感到有些不安。没过多久，又是一下。你莫名其妙地开始担心了，这是怎么回事？可是那种挤压越来越频繁，完全打破了你在梦海上安宁舒适的徜徉。"

"啊——"突然，若菱听到一声尖叫，吓得身子紧缩，缩成像一个胎儿的姿势。接着尖叫声不断，还有咒骂声："他×的！早知道这么痛就不要生了，拿掉算了，大夫、大夫，救救我，啊——痛死啦！"若菱吓得全身剧烈地颤抖，记忆中从来未曾如此惧怕过。

经过不知道多长时间，若菱感觉自己全身被挤压着，有人在抓她的腿，想要拉她出去，可是她的头很大，经过一个隧道的时候卡在那里，她听到更多人的说话声、尖叫声、咒骂声，以及安抚、忙乱的声音，吓得她不知所措。最后总算通过了隧道，若菱感觉自己到了一个无比光亮的空间，灯光非常刺眼，温度又低，周围没有暖和的水了，有的只是粗糙的东西在她肌肤上摩擦。

她突然感觉窒息，正在慌乱的挣扎之中，有人用力在她屁股上拍打了一下，若菱"哇"的一声哭出来，泪眼模糊中，看到周围尽是陌生的东西，那个每天供养我吃喝拉撒的环境呢？那个我生命的源头呢？没有了吗？失去了吗？她一直使劲儿地哭，惊吓地哭，恐惧地哭，没有指望地哭……终于哭累了，她睡了。

不知过了多久，若菱从沉睡中醒来，很舒服的一觉，一摸脸上凉凉的地方，原来还真有泪水呢！若菱狐疑地看着老人，不知道自己刚才是不是"庄周梦蝶"去了。

老人神秘地笑笑，没有回应若菱疑惑的目光。

"我们出生的过程这么凄惨啊！"若菱忍不住惊叹！

"是啊！"老人说，"你听过细胞记忆吗？"

若菱茫然地摇头。"有些人在接受器官移植之后，会承接捐赠器官的人的想法、性格、脾气等等。"老人提示。

"哦！这个有听说过。"若菱至少还看看报纸，"所以我们出生时，这种戏剧性的创伤记忆就会被我们的细胞保留吗？"

老人点头道："是的，而且我们出生之后，有多少人能够幸运地在一出生就由母亲一直怀抱着，饿了就吃奶，哭了有人抚慰？"

"是呀，大部分现代的观点是说什么不要宠坏孩子，要定时喂奶，没到喂奶时间，即使宝宝饿了也不可以喂他。孩子哭的时候让他哭，免得宠坏了老要人抱！"

若菱同意现代教养宝宝的观念有些问题，尤其刚才身临其境般地经过了宝宝出生的过程，更觉得刚出生的孩子就是需要无限的爱和抚慰。

"你想想，"老人说，"你在成为受精卵的那一刹那之前，只是一个意识的存在。然后突然间你进入了一个小小的细胞中，慢慢地，你有了一具每天长大的身体，但你还是在一个安全的环境当中，你感觉和周围的东西都是合一的。"

老人喝了口茶，继续侃侃而谈："然后，你出来了，经历过那个巨大的创伤和惊吓，你与提供自己生命所需的源头分离，一开始你很迷惑，不知道为什么自己肚子饿了居然会得不到东西吃，因为原本你以为你与这个世界是一体的。"老人叹了口气，"然而在现实的冲击下，我们产生了幻觉，误以为我和我的身体与这个世界是分离的。为了寻找自我感，我们就发展出了小我，在这个世界上抓取所有我们能抓取到的东西，好证明自己的存在。因为小我是如此虚幻、脆弱，所以它需要更多地抓取、获得，才能延续它脆弱的生命。"

"原来身体是这样让我们与真我分开的……也不是身体的错呀！"若菱有点儿像是自言自语。

在现实的冲击下，我们产生了幻觉，误以为我和
我的身体与这个世界是分离的。为了寻找自我
感，我们就发展出了小我，在这个世界上抓取所
有我们能抓取到的东西，好证明自己的存在

　　"这就是为什么我们每个人天生就有很多无名的恐惧……"老人继续说，"到了最后，这种无以名之的不安全感和分离感，就变成了一种存在性焦虑，成了我们每日生活的背景音乐，不停地在播放。"

　　"啊，难怪我老觉得惴惴不安，很不喜欢自己一个人安静地独处。每次一个人的时候，我就想找人说话，打开电视、收音机，或是找点儿事情做做。原来就是不想面对这种存在性焦虑的背景声音。"若菱有了这番领悟！

　　"那我们这层身体的障碍怎么样才能去除呢？"若菱又是一针见血地提出问题，并且想直截了当地解决它。

　　老人又好气又好笑地看着她，无奈地摇摇头："孩子，去除不了，就像我们永远没有办法去除黑暗一样。所有造成我们与真我隔绝的东西都像黑暗一样，我们所能做的，就是拿觉知之光去照亮它们。"

　　看着若菱皱起了眉头，老人又补充说："在身体层面的这个部分，所谓觉知之光就是重新和我们的身体联结。我们一般人对自己的身体只有5％的了解和控制，身体的95％是在潜意识的状态下用自动导航系统操控的。所以，找回与身体的联结就可以帮助我们把5％的'版图'扩大，找回更多的自己。"

　　"怎样找回与身体的联结呢？"

　　"跟你的身体对话，倾听你身体的信息。"

14.

重新和身体联结

瑜伽和呼吸

在朋友的引荐下，若菱来到了东四环边上的一个瑜伽小屋，想咨询一下关于练习瑜伽的事情。

在老人的小屋时，临别前老人特别交代要她选择一些活动，让她与自己的身体重新联结，瑜伽就是其中之一。

"基本上，任何能让你专心致志、活在当下的运动，都可以帮你与身体重新联结，所以运动本身不重要，重要的是你在做它时的心态和状况。所以无论是跑步、快走、游泳、太极拳、气功、瑜伽，只要你能够专心地观照自己的身体，这些运动都可以成为一种冥想。"

而其中，与身体对话、联结的最佳方式就是静坐冥想。

若菱真的是不敢想象坐在那里不动、不想的滋味，超过五分钟，她就坐不住了。她所喜爱的运动，像羽毛球、乒乓球，好像都不合老人的要求。老人说："这种具有竞争性的运动，是小我对小我的运动，不是能让你跟自己好好在一起的运动。"

最后，若菱选了瑜伽。以前她也尝试过练瑜伽，但觉得太慢，实在没有耐心跟着老师"一、二、三、四、五"地保持一个姿势停止不动。不过既然老人交代了，若菱还是决定来试试看。

若菱一进瑜伽小屋，就觉得身心舒畅。屋内的布置、气氛，不禁让她想起那个台湾女主人的工作室。柔和的灯光，配合着摇曳的烛光，加上一些美丽的装饰品和灵性的音乐，若菱顿时放松了下来。瑜伽小屋的主人出来迎接若菱，她是个美丽的瑜伽老师，身材好就不用说了，白净的皮肤，一张充满笑意的圆脸，让人看了就舒服。

"嘿！你好！欢迎你。我是这里的瑜伽老师，听说你有问题想要问我？"

老师的声音很甜美，说话的时候嘴角都带着笑意，让若菱一下子就打开了话匣子："是啊，嗯，我想问一下，为什么瑜伽可以帮助我们和自己的身体联结？"

老师对若菱提出的问题有些诧异，一般人好像不会一开始就达到这个深度，不过她还是很开心有人这么有见地。"是的，我个人觉得，瑜伽是可以让我们重新与自己的身体联结的一种最有效、最快速的方法。"

"不如你自己好好地体验一下吧！"老师说，"你跟我来。"

老师把若菱带到隔壁的一间屋子里，让她坐下来。

"伸直你的腿，挺直你的背，吸一口气，吐气时从胯部那里弯曲，身体往前延伸，看你能不能用手碰到你的脚？"

若菱试了试，很遗憾，她的身体实在太僵硬了，指尖只能碰到脚踝。

"没关系，"老师早已习惯这些上班族硬邦邦的身体，"现在告诉我，你觉得哪里阻挡着你无法再向前？"

"后脚筋，尤其是膝盖后方上面那个地方……"若菱挣扎着。

"好，集中你的注意力，把你的觉知带到那个最紧绷的地方，深呼吸，每次呼气的时候，带着意念和那个地方沟通，让它放松一点儿。"老师慢慢地引导着。

若菱专心地和她的双脚脚筋"沟通"，没多久，她居然可以向前，两只手握住脚板了。"哇！真神奇！"若菱兴奋地叫道。

"是呀！"老师赞许地看着她，"只要你关注自己的身体，它就会回应你。"

她停了一下，看着若菱在揉捏自己刚才拉扯的脚筋，继续说："瑜伽还有一个和其他运动很大的不同，就是它的呼吸方法。像刚才，你就是用呼吸来和你的身体沟通。呼吸在瑜伽当中是自成一派，比我们做的各种姿势的体位还重要呢！"

"呼吸？"若菱不解地问，"不是每个人都会呼吸吗？"

"是呀，"老师笑笑，"可是呼吸做得好和做得不好的人，寿命会差很多呢！"

若菱半信半疑地看着她。

"在瑜伽里有一种有关呼吸的说法，那就是人的一生当中，呼吸的次数是固定有限的。所以呼吸越慢越长的人，活得越久。"

　　老师看到若菱惊讶的表情，笑着说："你看狗和猴子的呼吸快速，所以寿命就比人类短了很多。而你看乌龟，它好几分钟才呼吸一次，所以可以活很久，因为它可以保持住大量的能量。"

　　若菱想，生气和紧张的时候，呼吸就不由自主地加快，原来不仅消耗能量，还消耗生命的呀！

　　"那我们怎样才可以放慢自己的呼吸呢？"若菱一心想要减少自己每天呼吸的次数，好多活几年。

　　"有很多方法呀，对上班族来说，最有用的就是腹式呼吸了。"老师一面说，一面教若菱吸气的时候腹部突起，呼气的时候腹部回缩。若菱试了好几次，吸气的时候不是挺胸就是抬肩，却还是看不见自己的腹部有隆起的迹象。老师让她躺下来试试，没想到一躺下来真的就可以做到了。

　　"原来如此！就有点儿像小baby一样哦？"

　　"是呀，"老师说，"看看你家的小baby是怎么呼吸的，就知道腹式呼吸应该是人类正确、健康的呼吸方法。"若菱很想告诉她自己没有小孩，不过话到嘴边又吞了回去。

　　老师又说："你看看你们公司的大老板们，一定都是胸式，甚至是肩式呼吸呢！又短又浅，真是耗费生命呢！"老师又眼睛圆圆地笑了。

　　"为什么腹式呼吸可以放慢我们呼吸的速度，也比较深？"若

菱问。

"因为在呼吸的时候，我们腹部突出，这时横膈膜就可以下降，按摩到了你腹腔内的许多器官，而且还留出了许多空间给肺部去扩展，所以空气可以大量地进入肺叶中。而呼气的时候，腹部紧缩，横膈膜被挤压向上，按摩心脏，并且压缩肺部，把肺里的脏空气挤出身体。"

"哇，这么有学问！"若菱赞叹。

"是呀！"老师说，"你把简单的腹式呼吸学会了以后，就可以在坐车时、开会中，甚至与人交谈的时候偷偷地练习，你会觉得你的胸腔愈来愈开阔，甚至感冒等呼吸道的疾病都会减少呢！练习的时候很简单，只要不着痕迹地把注意力带到你的呼吸上，关注一下腹部的起伏，自然带动了腹式呼吸之后，就不需要太多的心力去照顾它了。"

"哈！那以后公司再开那些无聊的会议时，我就有事做了！"若菱高兴地想着。离开瑜伽小屋时，她已经成了正式会员。

15.

激励大师的体验分享

饮食与健康

　　除了修习瑜伽，老人还介绍了几个他的得意门生，建议若菱去拜访。离开瑜伽中心以后，若菱决定一鼓作气，开始打电话。

　　若菱感到既兴奋又好奇。一方面很兴奋终于可以找到个人来一起谈论老人，要不然跟老人学习的这些经验还真是没有人可以分享呢！另一方面，她很好奇，老人的其他学生不知道是什么样的人。

　　"喂？"若菱拨了老人给的第一个手机号码，接电话的是一个年轻的、声音充满活力的男人。

　　"你好，我是，嗯……一个老人……"若菱惶恐得不知如何描述自己。

　　"哦！我知道了，你什么时候过来？"男人一下子就明白了，而且单刀直入地邀请她。

　　"我……今晚就有空……"若菱迟疑地说。

　　"嗯……好！今晚八点怎么样？"听到若菱肯定的答复，男人说了他的公司地址，然后就挂了电话，留下惊诧不已的若菱。

　　我们必须好好呵护自己的身体，就像那一辆马车
也需要好好维护一样，不然有一天寸步难行的时
候，讲心灵的追求也是枉然

　　若菱在八点的时候准时走进这个市中心的办公大楼，来到了一家门面富丽堂皇的企业人才咨询公司，迎面走来一个相貌英俊、两眼炯炯有神的三十多岁男子。

　　男人伸出手来，跟她紧紧地握了一下手，然后自我介绍："我是李英杰！"说话的语调好像若菱应该认识他似的。

　　若菱也自我介绍，并且仔细打量他，难怪这么眼熟，原来他是赫赫有名的激励演说家、培训大师！若菱有点儿自惭形秽，不自觉地弯腰颔首，跟在他后面进办公室。

　　李英杰的办公室气派豪华，还好他没有坐在高高在上的办公桌上，而是和若菱面对面地坐在办公室的沙发上。

　　"为了今晚，我推掉了两个应酬。"李英杰没有任何不快地解释着，"老人的事比什么都重要，我愿意全心全意地回报他，而且他介绍的都是最需要帮助的人。"李英杰的声音低沉有力，充满感情，果然是名嘴，一开口就让若菱印象深刻。

　　"他要你问我什么？"李英杰问。

　　"嗯，我们正谈到突破身体层面的障碍……"若菱不知如何回答，只有含糊地说。

　　"哦！身体障碍，对！"李英杰点点头，"我当初很年轻就意气风发，非常成功，完全和自己的身体脱节了，最后严重到胃出血，让我不得不暂时退出职场，休养生息。"

若菱记得李英杰几年前曾经沉寂了一段时间，最近又东山再起，而且准备进军全中国，看来要再创事业的高峰。那段时间很多人猜测他是与合伙人闹意见分家，才销声匿迹了一阵子，原来是身体不适。

　　"你想想，"李英杰用他上课演说的语调，慷慨陈词，"一个人怎么可能让他自己的胃到了穿孔的地步都没有感觉？我就是这个样子。当时事业上也受到了很大的挫折，双重打击之下，我整个人意志消沉，我用平常激励别人的那一套来激励自己，可是一点儿用处都没有。"

　　他喝了口水，继续说："后来碰上了老人，他是那样慈悲、有爱心，从不批判你，让你感觉他是完完全全地接受你，没有保留地爱你。"

　　若菱这才明白为什么每次看到老人都那么舒服，因为一个不批判、全然接受你的人，在这个世界上真的是绝无仅有。

　　李英杰自己说着都已经感动得红了眼眶："他教我如何与自己的身体联结，感受并且接纳自己的情绪，觉察并且检视自己的思想，进而打破小我所有虚假的认同……"他停留了很长一段时间，好像在回味那段学习的时光。

　　"我觉得自己好像重新又活了一次。虽然现在我做的事情跟生病以前做的事没什么差别，但是生活的质量、教学的质量都已经是截然不同了！"

　　若菱理解地点点头。

　　李英杰看看若菱，继续说："虽然我现在每天还是很庸庸碌碌地在工作，但是我每天都保持着一颗喜悦、和平的心，而且不会像从前那样执着于外在的事物了。正因为如此，我的事业反而蒸蒸日上，许多好运挡都挡不住。"

若菱终于逮到发问的机会了："这就是所谓的心想事成吗？"

李英杰笑道："心想事成是高级班的课，老人到时候会教你的。"

若菱想，呵呵，想抢先偷学的念头被看穿了。

"心想事成，说来话长。我想老人叫你来找我，主要是让你听听我的故事，增强你的信心，同时我也可以分享给你，他教我的一些我最受用的关于饮食的方法！"

李英杰提出了这个令人兴奋的话题，滔滔不绝道："我们虽然讲'突破身体的障碍'，身体却是我们寻找真我的必经之路，所以才要倾听身体的信息，跟身体联结。而为了把这条道路修直、修正，我们必须好好呵护自己的身体，就像那一辆马车也需要好好维护一样，不然有一天寸步难行的时候，讲心灵的追求也是枉然。"

"所以就像开车，不但要有正确的驾驶方法，还要有正确的维护方法。"若菱坐直了身体，准备洗耳恭听。

"老人告诉我，'怎么吃'比'吃什么'来得重要。"李英杰说，"当时我胃不好，很多人建议这个、建议那个，但老人说了几个关键点，我照做了，效果奇好。"说着，他从办公桌上拿了一张纸给若菱，"我先前整理出来了，你可以看看。"

李英杰看了一下手表，若菱看在眼里，心里有些歉意，就说道：

"好呀，我拿回去慢慢看，先告辞了。"

李英杰露出了抱歉的笑容："也好，正好还有几个客户等我回电。你我都是非常幸运的人，希望你能把握机会，跟老人好好学习。"

若菱心里真的非常感激，这样的一个大忙人愿意抽出空来见她这个无名小卒，老人的魅力真是无远弗届。

离开公司，若菱在车上就忍不住拿起那张纸来看，原来是几则养生指南。若菱一面看，一面对号入座。看到"少食多餐"这几个字，若菱心想，这个建议比较简单易行，明天就开始实行。

"怎么吃"包括了以下几点：

1. 食物的比例：所谓的黄金比例是40%的谷类，40%的水果、蔬菜，20%含有蛋白质的食物。

....

2. 吃饭的时间：早餐一定要吃得多，晚饭一定要吃得早、吃得少。两餐的间隔时间，不可以超过4小时，才不会耗你的老本儿（能量）。所以在两顿正餐之间，应该吃一些点心，补充一下能量。

....

3. 食物的分量：轻食和少食多餐。每餐食物的分量不要超过你一只手掌能抓满的分量的五倍，七八分饱就应适可而止。

....

4.烹饪方法：生食蔬菜有很多好处，但并不是每个人在每个季节都适合；生食肉类（包括鱼肉）在现代的社会中问题太多，少吃为妙。少油的烹饪法——水煮、蒸是最营养、最好的。

5.吃的方法：细嚼慢咽可以让唾液和食物充分混合，帮助消化。此外，食物、饮料不要太烫或太冷。我们的身体必须消耗极大的能量，才能将喝下的冰饮料温暖至正常体温（36.5℃），如此一来，整体的免疫力自然下降。所以如果常喝冰饮料，建议将饮料解冻半小时或改喝常温白开水。

16.
卸下光环后的人生
健走真好！

　　若菱这周努力遵守着刚学会的饮食方法，早餐通常只喝一杯牛奶或酸奶的她，现在开始吃得比较多。同事们都有点儿惊奇地看到，每天早上才十点多的时候，若菱还会抓一根活力棒或一些苏打饼干往嘴里塞。有些人窃窃私语，猜测若菱是不是怀孕了。

　　若菱现在学会比较不去在意别人的眼光和评论。毕竟，一个人的大脑每秒要过滤那么多的信息，因此，她只看得见自己想要看到的东西；而别人拿什么标准去过滤信息，真的是想管也管不着。若菱沉溺在新发现的内在世界，泰然处之。她想，无论他们说些什么，受到影响的只是我们的小我而已，如果能够接纳小我的缩减和被打击，再多的流言也不怕。

　　这天，公司业务不算忙，若菱带着好奇，拨通了老人给她的另一个电话。对方是位女士，而且和李英杰一样，一听是老人介绍的，问都不问就立刻约定时间见面。

　　傍晚，若菱稍稍提早一点儿下班，循址在香山边上找到了这栋坐落在山林之内的房子。

按了门铃之后，女主人应声开门。两人目光触碰，若菱一下子就愣住了，直看着女主人发呆。

"又是一个名人，有没有搞错？！"若菱想。女主人是昔日体坛健将，当年叱咤风云，为国争光，拿了不少国际大奖，许多人都不会忘记。"你就是若菱吧？"女主人看她发呆的样子，嫣然一笑，热情地招呼道，"进来坐吧！"

若菱有点儿紧张地跟在她后面进屋，用眼角余光顺便打量了一下屋里简单的陈设和耀眼的奖杯。在偌大房间的一角，居然还放置着一架跑步机。然而，最引人注目的还是女主人的身段，虽然年过半百，却浑身上下散发着活力。

坐定了以后，女主人充满感情地问："老人好吗？好长时间没看到他了。"

"很好，他让我问候您。"若菱礼貌地答。

"你跟老人的其他门生接触过了吗？"女主人直截了当地进入话题。

"有的，我还从他那里得到了一份饮食养生的清单。"

"不错，身体是要好好照顾的。"女主人干脆地说，"多年以前，由于事业、婚姻的双重压力，再加上自己的疏忽，我不知不觉地发福，衣服尺码从十号升至十六号，腰粗、腹大、臀也宽，不但整个人浮肿难看，体力、健康都变得很差，一下子让我警觉起来！"

若菱看着她充满自信、高瘦苗条的标准身材，真不敢相信她曾经要被列入胖子之流。

"后来我碰到了老人，他教了我很多东西，对我而言，其中最重要的，当然是如何与自己的身体联结。我是一个运动员，你知道，"女主人又笑了，"照理说我应该是和我的身体有很多联结的。后来我才知道，年轻的时候，我只把自己的身体当成工具在使用，它曾经是在最佳状态，但是我并没有和它有什么联结。"

"原来联结并不是按部就班地锻炼这么简单啊！"若菱想。

"我以为我就是自己的身体。我的小我和它认同了，却没有联结。"女主人感慨地一叹，继续说道，"不过，当老人告诉我一些与身体联结的技巧和道理之后，我找到了一项我自己相当喜爱，对身体也相当有帮助的运动——健走。"

"健走？"若菱觉得诧异，当年女主人驰骋在田径场上，兜了一圈之后，如今居然又回到了老本行！

"是的，健走！"女主人开始眉飞色舞，"锻炼双腿肌肉是预防体力衰退的最佳方法，健走就是最理想、效果最明显的运动。"

说着，她领着若菱到她的跑步机上表演："来，我教你。"

她一面大步地快走，一面双手用力地摆动。"健走时，你要配合缓而深的呼吸，摆动你的双臂，大跨步地快速前进，更可以获得意想不到的效果。"

接着她又说："老人还教我要放空我的脑袋，专心把注意力放在双脚上，这样就是一种步行禅的冥想。"女主人露出了迷人的微笑，"你知道吗？半年内，我瘦了二十公斤，而且神清气爽，负面情绪大大地消除，感觉喜悦、平和，真是棒透了！"

"哇！真好！"若菱由衷地赞美。

"是呀，你看现代人多可怜，每天为了生活奔波忙碌，根本没有时间照顾自己的身体。"女主人惋惜地说。

若菱觉得女主人说的就是她（自己对号入座了），有点儿不好意思，于是附和着说："对呀，现在的人都是'年轻的时候拿身体换钱，老的时候拿钱换健康'。"

"真希望大家能在最及时的时候，开始在健康银行里面开户存钱。"女主人加了一句，然后问若菱，"你现在对如何跟自己的身体联结有哪些体会呢？说说看！"

"嗯，我们每天应该做一些能把所有注意力都集中在自己身上的运动，放更多的觉知在身体的部位上……比方说你的健走，我要学的瑜伽，都可以帮助我们和身体有更多的联结。"若菱小心谨慎地回答。

"对，说得很好呢！关于身体，老人还有一个很重要的教导，他跟你谈过吗？"看到若菱茫然的模样，女主人继续说，"你想想，一天当中，你有多少时候会花一点点注意力在你身体的感觉上呢？比方说，在跟别人交谈的时候，你有没有注意到你的身体语言是什么？你的眉头有没有紧皱？你的肩膀是不是因为紧张而高耸？你的胃是否因为焦虑而痉挛？如果我们习惯于注意自己身体的感觉，时时安抚、照顾它的话，

我们为自己的意识，带入了更多的觉知。就像我
们的眼睛，虽然可以有很广的视野，但我们的注
意力其实只是聚焦在前方很狭窄的范围

很多疾病就不会因为日积月累而产生。"

"哦！"若菱恍然大悟，"所以与身体联结的方法还有一个，就是在日常生活中，时时留意自己的身体……"

"是的，但是和运动时的不一样哦，"女主人澄清，"在运动的时候你是全神贯注地觉察自己的身体，但在平时，你留一部分的关注给自己的身体就可以了。"

女主人打了个手势，说："比如你在开会的时候，可以自问'此刻我的姿势是什么？我的臀部和椅子接触时的感觉是什么？我身体的哪一个部分有紧缩的感觉？我可以试着去放松它'。这样留一部分注意力在自己身上，其他的注意力放在此刻正在发生的事情上，你会发现，这样可以让你更容易地活在当下呢！" [1]

讲到这里，女主人的眼睛都发亮了："这也就是说，我们为自己的意识，带入了更多的觉知。就像我们的眼睛，虽然可以有很广的视野，但我们的注意力其实只是聚焦在前方很狭窄的范围。平时做事的时候，你的身体除了在动作之外，也在呼吸，在适应和感知着周围复杂的外界条件，然而这些都是潜意识的范畴，我们心思的注意力其实是集中在其他比较明显的事物上的。如果你能够更加留意身体的感知，就可以把那5%的意识状态扩大了。这样，不就是老人所教导的，把潜意识的一部分转变成意识了吗？"

若菱对女主人的见解十分佩服，相谈甚欢，依依不舍地告别。

----

[1]请参考《当下的力量》（中信出版社出版）第六章。

17.

"担心"是最差的礼物

不如给他祝福吧

若菱今天依约来到老人的小屋中，脸色凝重，不太好看。老人若无其事地问她："怎么样，拜访我的学生们还顺利吗？"

若菱如实相告，然后又忍不住问道："怎么他们俩都是名人呢？"

老人一笑："为什么不能是呢？"

"我就不是啊……"若菱自卑地反应道。

"哈哈！我的学生好多呢！让你去拜访名人，只是想加深你的印象而已。他们两人也的确是很有代表性的啦！"

"哦！"若菱没怎么搭腔。

老人又在地上的那个圆圈圈上面加了两个字。"现在你知道啦，破解身体障碍的方式，就是去和你的身体联结。"

看若菱不搭腔，老人终于问了："怎么啦？心情不好？"

"嗯，我……又和志明吵架了。"

原来若菱学了一番养生之道以后，看看志明的生活习惯，真的很不健康。志明从来不吃早饭，有时还错过午餐，晚上又胃口大开地大吃

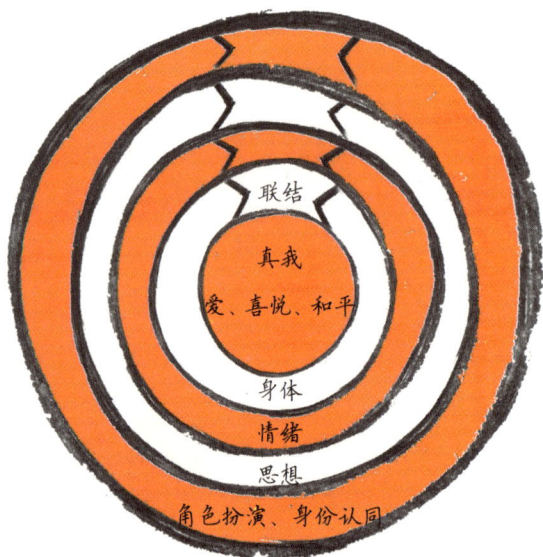

大喝。而且他很少运动，最多就是和同事打打球，玩乐多于锻炼。若菱愈想愈担心，忍不住向他传教。他哪里听得进去这些东西，还说"从哪里学来这些歪门邪道"！若菱觉得自己的一片关爱完全不被感激，而且还被严重地侮辱，又一次夺门而出。

若菱花了一些时间，让眼泪倾泻、悲伤委屈流尽，情绪才平复了一些。

老人用理解的目光看着若菱，等她发泄完了，才清了清喉咙，严肃地问她："你为什么去干涉他的事？"

若菱不解，回道："因为我关心他啊。"

"你爱他是吗？"

"当然啦，要不然我管他干吗！"

"很好，你知道吗？天底下只有三种事……"

"……"若菱觉得老人有点儿莫名其妙，静默地等待他的解释。

"老天的事，"老人伸手指指上面，"你的事，他人的事。"

"你是说志明的事是'他人的事'？我可不同意。"若菱反驳说，"他病了，他老了，倒霉的还不是我！"

"所以你管他的事是为了你自己？还是为了你爱他、需要他？"老人平静地问。

若菱哑口无言。关心志明，当然有一些成分是真心为他好，但何尝不是因为自己的恐惧，恐惧失去伴侣、恐惧造成麻烦呢？

"爱呀爱，多少罪恶假汝之名！"老人摇头叹息。

"我关心他，反倒成了罪过？"若菱心里很不平衡！

"你看，很多父母管教小孩，督促小孩要守规矩、用功念书，有多少是掺杂了怕小孩出去丢自己的脸（怕人家说你教的孩子怎么这么没教养！）的成分，或是希望、期待孩子能为他们的ego带来光荣，甚或是将自己对未来无名、未知的恐惧投射在孩子身上，加重他们的负担？"

若菱不语，她知道老人说的有道理。可是夫妻之间呢？

"夫妻之间，也要扪心自问：你真正的出发点是什么？是为了对方的人生，或更多的是为了自己？"

"自己最亲近的人和事，真的可以不管吗？"

"对于最亲近的人，更要注意沟通的方式和方法。如果是为了自己，而且还自以为有权利管对方，认为我们可以介入他人的领域、促使别人改变，这种做法不但白费力气，而且还会造成两人关系的紧张。"

"可我的确也是为了他好啊。"

"你可以把你知道的，你认为对的、正确的东西和他们分享，但是背后不要设定一个预期的结果（比方说：你一定要听我的，要不然……）。这样的话，对方比较能够接受。伴侣之间、亲子之间都是这样。"

"很难哪！"若菱摇头。

"是呀，所以你一天到晚介入他人的领域，管他人的事，自己这儿却没有人在家，关心自己的事。"老人指着若菱的脑袋调侃道。

"我怎么可以看着我的伴侣慢性自杀呢？"

"你觉得志明生活习惯不好，而你自己最近有了一些体会，想改变生活、饮食的习惯，你就自己努力、尽心地去做，让你的伴侣感到好奇，让他看到效果，然后他可能会愿意听听看你这么做的理由，同时，他也许会试着做一些你在做的事。但是如果你强加这些观念在他身上，他的小我第一件会做的事就是反抗。"

"嗯……"若菱觉得很有道理。

"所以呀，记住，管好自己的事最重要。"老人提醒她，"为我们的亲人担心，其实是一种不负责任的加害行为！"

"什么？"若菱简直不敢相信自己的耳朵。

"听我说，"老人胸有成竹地解释，"比方说一个母亲，她的孩子要和朋友去远足、郊游，他决定要去的时候，母亲担心年轻人出远门会发生危险而试图阻止，但是孩子大了，阻止不了，所以他出门的时候，母亲就耳提面命他要注意这个、注意那个……在后面一直唠叨……"老人看看若菱，"你是知道能量世界的定律的，这个母亲在孩子出门的时候，给了他什么能量？"

"当然是不好的负面能量。"若菱回答。

"是的，"老人点头，"而且母亲之所以会这么做，是由于她无法承担一丝丝可能会失去儿子的危险，于是把自己的恐惧投射到孩子身上。现在，你明白我说的'担心是一种不负责任的加害行为'了吧？"

若菱思考了一会儿，问："可是有时候孩子真的不太懂事，你不提醒，他真的会出事的。"

"提醒是可以提醒，"老人同意，"但是仍然要看你的出发点。你的本意是出于关心，所以把提醒孩子当成是一种爱的表达，还是出于恐惧把担心投射在孩子身上，给他很多压力。"

"这两者怎么区分呢？"若菱问。

"表面上也许看不出来，但是在能量的层面上，而且在孩子的心理感受上，可以区分得出。"

若菱若有所悟地点点头："就是不执着吧？"

"对！"老人赞道，"就是要放下小我的执着心。"

　　若菱又问："但是，如果孩子真的出事了，母亲难道不会觉得自己没有给孩子足够的警告，或是阻止他而感到愧疚吗？"

　　老人微笑着问："我刚才说过天下有几种事？"

　　"三种事。"若菱老实地回答，"我的事，他人的事和老天的事。"

　　"一个人的命活多长，是老天的事，一个母亲再怎么努力去保护孩子都是无法与天命抗衡的。"

　　"是呀，谁敢跟老天抗争……"若菱喃喃地说。

　　"不一定喔，你曾经有因为交通堵塞误了约会，而坐在车子里咬牙切齿的时刻吗？"

　　若菱不好意思地点点头："当然有！"

　　"交通堵塞是谁的事？"老人问。

　　若菱想想，说："老天的事。"

　　"所以呀，人们常常跟老天争辩、抗衡而不自知，不是吗？"老人摸着胡子，娓娓道来，似乎在嘲笑世人的愚痴，"无论你多么爱他，多余的担心就是最差的礼物，不如给他祝福吧！"

无论你多么爱他，多余的担心就是最差的礼物，
不如给他祝福吧！

18.
一场"ego boosting"（小我增长）秀
同学会的启示

又是一个冬日，又是一个下着雨的傍晚，气压低沉沉的，压得人心很不舒服。

若菱下班后匆匆忙忙地赶到了同学聚会的餐厅。一进门，若菱就看到李建新，他坐在最靠外面的座位上，一眼就发现了她，向她微笑。若菱不好意思地低下头，然后才和其他同学打招呼。

其实上次和李建新晚餐后，他们又陆续喝了几次咖啡，每次都聊得很开心。对老人说的东西，李建新都非常能领会，而且深感兴趣。若菱很高兴能有一个知音可以分享老人的教导，只是李建新以为这些是若菱多年修炼出来的心得，对她愈来愈佩服，让若菱非常心虚。若菱也一直告诫自己要守好分寸，毕竟她是有夫之妇，而且李建新在美国离了婚，两人关系更是要划分清楚。

"咦，志明呢？怎么没来？"问话的是当年的班长陈大同。

"哦，他有论文要赶着发表。"若菱回答，最近志明真的很忙，常常不见人影，反正若菱也没闲着，也不太抱怨。

"若菱，过来坐呀！"若菱大学最好的同学露露招呼她到身边坐下。若菱正中下怀地走过去，免得跟李建新坐一块儿。露露是若菱小时候的邻居，也是小学、初中的同班同学，大学的时候很巧又在同一班。若菱当时与志明谈恋爱，和其他同学来往不多，露露就是班上她最熟悉也最能交心的朋友了。

　　老同学凑在一块儿，话题不外乎是工作、家庭。若菱看到大家的自我身份认同感都很强：我有一份好工作，我有一个好配偶，我有一双好儿女，我有很好的习惯，我有很好的人生观……言谈之中，都不免夸耀自己的各种成就，或是炫耀自己所知道的一些劲爆的新闻和八卦，总之，这是一场ego boosting秀。以前若菱都会很热心地投入话题，今晚不知怎的，就是以旁观者的角色在看着大家。

　　若菱今天也觉得儿时的玩伴露露有点儿心不在焉的，话也不多，完全不像当年豪气干云的那个女豪杰。后来到了酒酣耳热之际，露露突然宣布："我离婚了！"众人哗然！

　　露露的老公是大学就开始交往的别系学长，对露露言听计从，是个标准的新好男人，大家都以为最没有问题的就是他们这一对儿了，没想到第一对儿离婚的就是他们。

　　露露涨红着脸，不知道是因为酒精还是因为积压已久的情绪，大声地说："他，和他秘书，两个人跑了！"

　　大家沉默了好一会儿，开始七嘴八舌地提问题、给意见。一时之间，饭桌上好不热闹，露露刚开始很冷静地回答大家的问题，接受众人的安慰，但她还是按捺不住满腔的怒火，终于破口大骂："混账东西，当年当完兵，事都找不到，要不是老娘，哪家公司会要他！手无缚鸡之力，什么都不会，全是老娘在后面撑腰。现在事业做大了，就变心了，看上年轻漂亮的小姐，置糟糠之妻于不顾……"露露一直咒骂着，弄得现场气氛很尴尬。她强大的负面能量震撼着每一个人。

若菱在旁边慢慢地好言相劝，露露总算冷静下来，一向爱闹爱笑的班长席原赶紧转变话题，说了一些自己办公室的八卦，气氛才又缓和下来。

可露露还是不能停止，拉着若菱在旁边一直抱怨生活中所有的小事，说她如何付出，他如何当大爷还不领情，总之，从头到尾都是对方的错，她一肚子委屈。

若菱一面同情地听着露露的泄怨，一面想到了那部她看不太懂的电影，有关"胜肽"的那部分内容。露露的胜肽是什么？显然她喜欢扮演受害者。所以当受害者情结出现的时候，露露的下丘脑就会分泌出"受害者"胜肽，随着血液传送到全身细胞，并且让细胞接收器接收。

若菱可以想象露露全身细胞大快朵颐、狼吞虎咽胜肽的盛况。

若菱记得小学的时候，露露就会当着全班同学的面说："我父母离婚了，我跟我外公、外婆住。"若菱的情形也是一样，可是她很怕别人知道她的事，所以很羡慕露露的直言坦率。露露的这招也很管用，每当考试没考好，功课没做完，该带的东西没带，老师们都会看在她是"没爹没娘的孩子"的分儿上，多少宽容她一些，所以露露习惯了这个受害者角色带来的好处。

"她的细胞已经习惯了吃'都是别人害的'这种胜肽吧！"若菱想。

她记得电影里面说，既然细胞习惯了这种胜肽，如果我们不喂养这种胜肽给它们的话，我们的生理需要会促使我们做出种种行为，放射种种能量的波动的频率，让能够产生这种胜肽的事件发生在我们的生活当中。

"这真是太可怕了！"若菱打了个寒战。如此说来，这些外在的事件都是我们创造的啰？先是有对胜肽的需求，而我们的大脑在选择有限的两千位元信息的时候，就会过滤信息，而制造各种符合我们细胞想要的思想、念头，而这些能量的波动，会吸引和它们振动频率相同的东西过来，于是……

离开同学会的时候，若菱一直觉得很不舒服。可能是对能量比较敏感了吧，吸收了很多露露释放的负面能量，无法消化。回到家中，志明还没有回来。若菱拿出老人推荐的《超越死亡：恩宠与勇气》，读到了老人要她抄写的那一段：

我有一副身体，但我并非自己的身体。我可以看见并感觉到我的身体，然而凡是可以被看见以及被感觉到的，并不是真正的观者。我的身体也许疲惫或兴奋、生病或健康、沉重或轻松，也可能焦虑或平静，但这与内在的真我全然无关。我有一副身体，但我并非自己的身体。

我有欲望，但我并非自己的欲望。我能知晓我的欲望，然而那可以被知晓的，并不是真正的知者。欲望来来去去，却影响不到内在的我。我有欲望，但我并非自己的欲望。

我有情绪，但我并非自己的情绪。我能觉察出我的情绪，然而凡是可以被觉察的，并不是真正的觉者。情绪反反复复，却影响不到内在的我。我有情绪，但我并非自己的情绪。

我有思想，但我并非自己的思想。我可以看见与知晓自己的思想，然而那可以被知晓的并不是真正的知者。思想来来去去，却影响不了内在的我。我有思想，但我并非自己的思想。

我就是那仅存的纯粹的觉知，是所有思想、情绪、感觉与知觉的见证。

读完之后，虽然她还是似懂非懂，但是觉得好多了，躺在床上昏沉沉地睡了。

思想来来去去，却影响不了内在的我。我有思
想，但我并非自己的思想

19.
被负面情绪套牢
情绪的障碍

　　若菱又坐在小屋内，这一次却格外沉默。

　　她感觉这趟神奇之旅有点儿像坐云霄飞车，刚开始的时候很刺激、很兴奋，现在则陷入了低潮，甚至有点儿沉重的感觉。认识自己、了解我们个人的潜意识运作模式，深入探索我们自己的内心，这个旅程并不是全然欢愉的过程。

　　"你说得对！"老人肯定了若菱的想法。

　　若菱心里想："我只是想想你就知道了，真厉害。"

　　"深入自己的内在，对很多人来说，就像是在《爱丽丝梦游仙境》的那个兔子洞中探险一样，下面的洞不知有多深，而且是全然的黑暗，你敢走多深呢？"老人问。

　　若菱无言以对。老人拍了拍手，转换一下室内的气氛，然后故意大动作地拿根棍子指着地上画的圆圈圈。若菱的情绪也被带动得高昂了起来。是呀，今天又要再进一圈了。

　　"情绪！"老人故意提高音量说，"现代每个人都在面对的难题！情绪问题是怎么来的呢？"

他又拿支粉笔在墙上画了起来。

首先他画了一个人形图，然后问若菱："什么负面情绪最困扰你？"

若菱想想："愤怒、悲伤、焦虑、恐惧……"

"等一下，等一下，一个一个来。"老人笑着说，"好，你的愤怒，当你感觉愤怒的时候，它是在你身体的哪个部位？"

若菱想想，跟志明吵架的时候，她的胃最不舒服。

"好，"老人边说边在人形图的胃部写上了"愤怒"；然后是"悲伤"，写在肺部的位置；"焦虑"，写在喉部……就这样一个一个地加上去，这个人形图上立刻有很多负面情绪的标记。

"这些情绪都是一种能量，尤其对孩子来说，一些天生的恐惧，所求不得的愤怒，希望落空的悲伤，都只是一种生命能量的自然流动而已，它会来，就一定会走。"老人叹口气，低声地说，"坏就坏在父母对这些孩子身上自然流动的能量的态度。"

接着，他用手指在若菱的前额轻轻地点了一下。

若菱这时候仿佛又进入了催眠状态，回到四岁那年，妈妈答应周末要来外婆家接她出去玩儿，她一早就守在窗外等候、等候，等到天黑了，妈妈都没有出现。小小的若菱站在窗外，一直哭一直哭。

外婆起初好言相劝："别哭啦，妈妈可能有事不能来，下次她一定会来的。这样好了，外婆带你去买糖吃。别哭了，有什么好哭的嘛。不要再哭了，傻孩子，没什么好哭的，哭够了吧！"

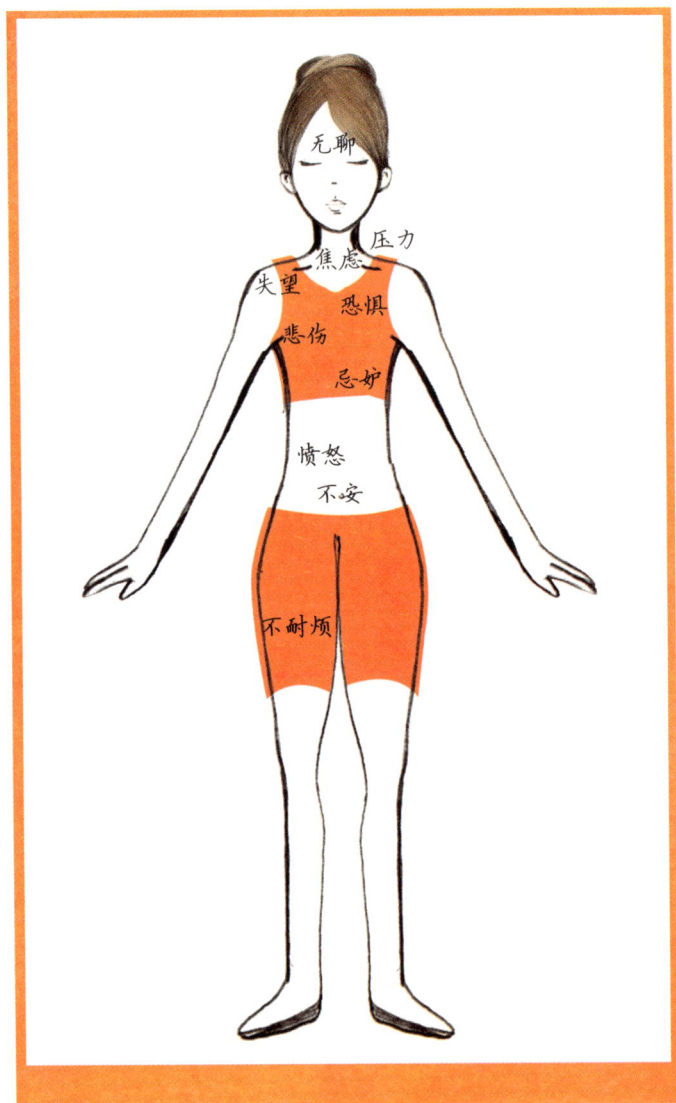

若菱却愈哭愈不能停止，最后外婆失去了耐性，狠狠地打了她两棍子，才吓得她停止了哭泣。

"你的感觉如何？"老人的声音像是从遥远的国度传来的。"我好伤心！我、我……我被抛弃了！"若菱找了很久才找到这个词来描述这个经验，"还有被欺骗了！呜……"若菱伤心不已，一直在哭泣。

老人等待若菱的悲伤逐渐平息，又用手指点了一下她的额头。这时若菱又回到小时候的另外一个场景，在妈妈住的地方。好不容易妈妈接她来住一天，却逼她早早上床睡觉，自己好和男朋友在客厅看电视。

若菱不习惯一个人睡觉，妈妈又不许她开灯。"哪有小孩睡觉要开着灯的！"妈妈一把就关了灯，留下若菱一个人在黑黢黢的屋子里。若菱吓得全身发抖，战战兢兢地打开房门，再次请求妈妈："妈，我好害怕！"

"怕什么？"妈妈大吼，"都八岁了还怕一个人睡觉？你是怎么被养大的？一点儿胆子都没有，亏你还是我女儿！"

小小的若菱在黑暗中哭泣，把恐惧深深地压在心底，带着眼泪进入了梦乡。

"好了，回来吧！"老人轻柔地呼唤着若菱。

若菱从深沉的潜意识中逐渐苏醒，恍若隔世。

"所以，这些被否定、压抑的情绪，像你的悲伤和恐惧，就滞留在你的身体里，"老人又拿着不同颜色的粉笔，在那些身体上的情绪标记周围画上了框框，"像是被笼子锁住一般，卡在你的身体中。"

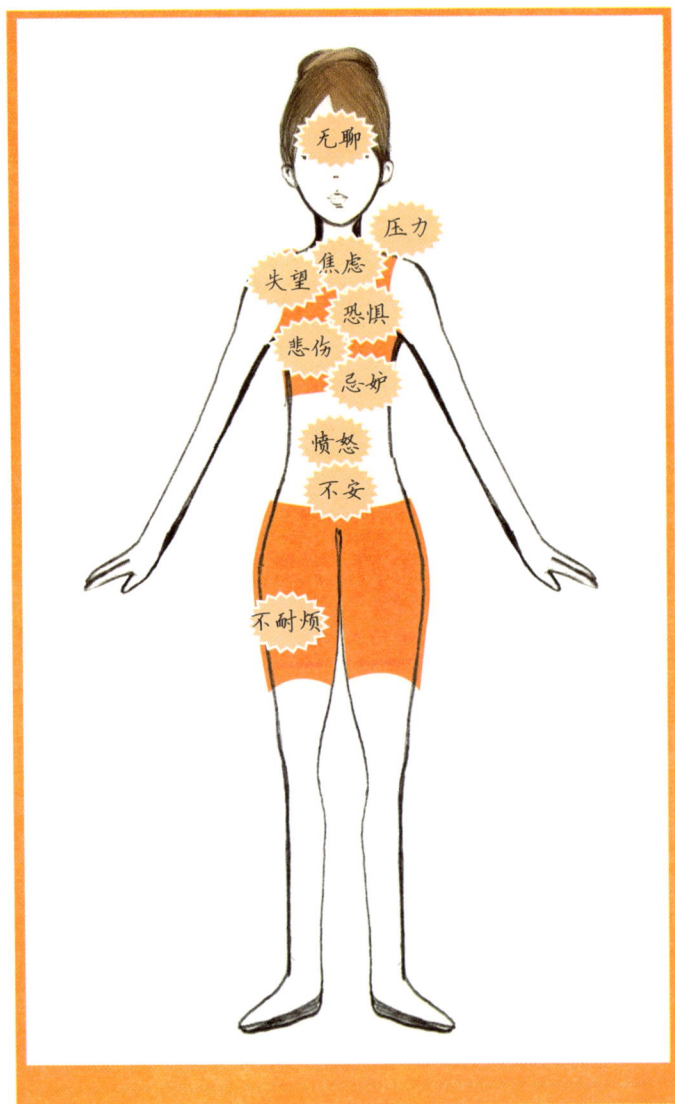

"这些能量有一个特别的名称，叫作'痛苦之身'（pain body）。"[1]

若菱看着老人画的图，不敢想象自己身上到底堆积了多少像这样痛苦的能量。毕竟，在她从小到大成长的过程中，从来没有人给她情绪上的支持和关怀。她有负面情绪的时候，大人不是想要帮助她立刻消除（买糖给你吃哦，别哭了／再买一颗给你就是了，别伤心／明天我带你出去玩儿，别气了），就是否定她的情绪（这有什么好哭／好气／好怕的），要不然就是打压（不准哭，再哭就揍你／不准发脾气，小孩子凭什么生气）。无论采取以上任何一种策略，她的情绪从来没有被认可、被接受过，所以，它们也从来没有离开过。

老人看着若菱的心路历程，理解地说："所以将来你做母亲以后，要记得，在情绪上，要给孩子无限的支持和认同。"

若菱不解地抬头："那不是会宠坏小孩吗？而且，我不会有小孩的。"若菱又难过地低下头。

老人笑笑，向她保证："你会有小孩的，而这个教导我就留给我的助教来教你吧。"停顿了一下，老人继续说："这个痛苦之身在我们的身体里面，是自成一家的一个能量场，有它自己的生命力。它以痛苦为食，如果你不喂养它想要的食物的话，它就会制造一些事端来产生它所需要的情绪来维生。"

若菱心想，怎么听起来如此熟悉。"哦！就是胜肽的需求嘛！"

"没错，它需要各种不同的胜肽来滋养它。"老人同意，"所

以，对某种特定胜肽的需求，会造成我们对一些事物的自动反应，就像
那部电影所说的，某条特定路线的神经网络都已经架构好了，所以遇到
状况的时候，我们就会不假思索地自动做出反应。我们在众多信息、现
象、状态中，过滤出能支持我们、产生我们需要的胜肽的信念和想法，
然后深信不疑。"

　　若菱想："那我最主要的胜肽需求是什么呢？"

　　老人定睛看着她："你很快就会知道了！"

[1]痛苦之身（pain body）在《新世界：灵性的觉醒》（南方出版社出版）第五章中
　　有详细的解说。

一些天生的恐惧，所求不得的愤怒，希望落空的
悲伤，都只是一种生命能量的自然流动而已，它
会来，就一定会走

20.
在谷底惊见阳光
情绪的体验

　　若菱按照地址去找老人的另外一个学生，就是老人口中的助教。

　　很奇怪，这次老人只给地址，没有电话。若菱到了西城区一个比较杂乱的地方，惊讶地发现，她要找的人是个面摊的老板娘。

　　老板娘正忙着煮面，若菱看看时间，下午两点多了，生意应该很快就会清淡，于是她坐在旁边等待。

　　"小姐，吃面吗？"老板娘热情地招呼她。

　　"嗯，哦……不，我是一个老人……"话还没说完，老板娘立刻放下手上的活儿，冲过来热切地问："老人好吗？"

　　若菱有点儿被她的冲劲儿吓到了，不过还是礼貌地说："他很好，让我问候你。"

　　"好、好！"老板娘笑开了，拉着若菱就进房间里面，"来坐，来坐！"

　　"你的面摊……"若菱担心她的生意没人照顾。

　　"没关系，"老板娘拉开嗓子叫道，"壮壮，帮我照顾一下！"

屋里面走出来一个瘦瘦小小的年轻人，看到若菱，有点儿害羞地点点头，乖巧地走到面摊那儿去接手。

　　"你的孩子好乖、好听话哦！"若菱称赞道。

　　"还不是老人帮忙教的。"老板娘又笑了，露出满口的黑牙。

　　招呼若菱坐定，老板娘还泡了茶，热心地款待着。

　　"老人告诉我，你有一个很棒的故事！"若菱开口问。

　　"哪有什么故事，不就是生活呗！我以前嫁的那个老公很不好，天天喝酒，喝了酒就打人，连我带小孩一起揍。"老板娘说起过去，好像在讲另外一个人，"我那个时候什么也不会，没有谋生能力，想带着孩子走，又怕养不活他，所以就想带着孩子去自杀！"

　　若菱听得心惊胆战，但是老板娘仍然若无其事地继续说下去："后来碰到了老人，他特神，他问我，是不是有一个酗酒而且会打人的爸爸，还真是呢，我父亲就是跟我老公一样，我从小最怕听到他喝醉酒拖着脚步回家的声音，连我们家的狗都会躲起来呢！"

　　"老人帮助我看见，我是有点儿糊涂地把亲密关系的模式，都想成必须和我爸爸的那种模式一样的。以为我生命中的男人和我的关系就是那个样了，所以我才会无意识地找到和我爸爸一样的老公。而且，我小时候很想救我爸爸，可是无能为力，所以长大以后，就会找一个和他一样的男人来拯救！"

　　老板娘虽然没读过多少书，可是三言两语就把自己潜意识里的人生模式说得很透彻。

"然后，他叫我去找一个他的学生，她的遭遇和我一样。不过人家是大学毕业生呢，老公还是大学的教授哦！可一生气还是不分青红皂白地谁都揍。她告诉我，我们这种从小就受虐待的人，身体都会习惯要一种化学的东西，叫什么……"

"胜肽。"若菱帮腔。

"对啦，胜肽，就像吸毒的人要吗啡一样，很可怕呢！"老板娘眼睛睁得大大的，一副心有余悸的样子。

"那胜肽的这种毒瘾怎么样可以消除呢？"若菱迫不及待地问到重点。

"嗯，那个大学生是说什么去修行，打坐、念经，或是祷告、唱诗歌。可是我又没有宗教信仰，不想搞那些。她又说什么去练瑜伽，上什么工作坊、心理课程啦。听起来是很好，可是我哪有那么多时间和钱？我准备要离婚，然后自己一个人养孩子，根本没办法去做那些！"

"那怎么办？"若菱都为她着急。

"老人说，去做那些是很好，很快就会见效，但是他教了我一些不花钱就可以达到同样效果的方法，我试了以后，果然对我很有效。"老板娘骄傲地说。

若菱挺直了身体，准备洗耳恭听。

"首先哦，老人要我写下来一段话，每天要念、要写——我看见我在寻求被虐待的痛苦感受，我全心地接纳这种感受，并且放下对它的需要。"

"这是什么意思？"若菱不太懂。

"我也不太清楚耶，老人说，我们会有这样的遭遇，是因为我们需要这样的遭遇而产生的情绪。也就是说，我们的遭遇是配合我们需要的那种情绪而产生的啦。这就是我们的一种模式、习性。比方说你常常有不被爱的感受的话，你就写：我看见我在寻求不被爱的痛苦感受，我全心地接纳这种感受，并且放下对它的需要。"

"看见它、接纳它，然后放下对它的需要？"若菱还是不太懂。

"老人说，这种东西哦，你越去排斥它，它越不走，而且还会更强呢！所以，看见了以后，就先接纳它，然后告诉自己，我不需要这种情绪了，我要放下对它的需要。他说这是说给潜意识听的！这样就把我们意识的5%扩大了啊！"老板娘用她仅有的知识努力地解释着，"所以要天天念、天天写啦！"

老板娘继续说："老人还说，当那种熟悉又痛苦的情绪出来的时候，你可以试着问自己：'我可不可以欢迎它？'"

"欢迎它？"若菱瞪大了眼。

"我们当然不能欢迎它啦！但是，当你这样问自己的时候，你就在你自己和你的情绪之间创造了一个空间，你会比较平静。即使答案是'不行！'也没关系。"老板娘理解地笑，"接下来你还可以问自己：'那我可不可以允许它存在？'然后你会看见，你允许不允许，它都存在了。可是当你回答'我可以允许它存在'的时候，你的内在就有一股力量升起，你就不会那么害怕、排斥让你痛苦的情绪了。"

凡是你抗拒的，都会持续

"啊！"若菱惊叹，"真是妙！"

"老人还教我要宽恕，宽恕我那个酒鬼老公。"老板娘说。

"可是怎么能够宽恕呢？"若菱问，"不是说你想宽恕就可以宽恕的呀！"[1]

"老人告诉我，每个人来到这个世界上都有不同的功课要学，我的前夫只是来帮助我，给我功课做而已。你看，"老板娘指指周围，"我现在自己赚钱养孩子，日子过得很快乐、很充实，都是我前夫帮的忙啊！我怎么还会恨他！"

若菱听得一愣一愣的，不知如何接腔。

"不过老人也说啦，我书读得不多，心思比较单纯，所以很容易接受这些方法。有些人哦，书读得太多，想得太多，反而放不下，那种人就要去修炼了，用各式各样的灵修方法，要走很多冤枉路，才能稍微放下。"

若菱看时间差不多了，赶紧提出另一个重要问题："对孩子的情绪全力地支持和认同，不会宠坏孩子吗？"

"不会啦，"老板娘又不好意思地笑了，"情绪的支持和认同，只是去接纳孩子的情绪，不去阻止或是否定，但行为规矩还是要遵守的！"

老板娘想了想说："比如说，小孩子在吃晚饭前要吃糖，你不给他，他生气地在地上打滚儿。这时候，你把他抱起来，告诉他'我知道你很想吃糖，那个糖真的很好吃，妈妈也想吃，但是现在要吃饭了，吃完饭后，妈妈和你一起吃'。孩子如果还继续哭闹，你可以说："哦，我知道你吃不到糖好生气、好伤心哦，我让你摸摸它，跟它拉个钩钩，说好吃完饭就吃它，好不好？'这样孩子的情绪可以充分地被理解，而且他也可以自由地发泄情绪啦。"

老板娘讲得眉飞色舞，讲话声调也有高有低，活脱儿就是个演活市井小民（就是她自己）的演员。若菱觉得她摆摊卖面实在太可惜了！

老板娘看看若菱，又说："老人说情绪就是一种能量啦，会来也会走，大人不要干涉，要让孩子自己学会怎么去处理自己的情绪，我们要做的，就是给孩子无限的爱和支持，让他们学会和自己的负面情绪共处。如果你用转移的方法来教孩子避开负面情绪的话，孩子长大以后就学会用替代品来逃避情绪，什么抽烟啦，吸毒啦，还有那些工作狂啦，很可怕呢！如果你去压抑孩子的情绪的话，那就更不好了呀！"

老板娘一席话听得若菱好不佩服，难怪穷乡僻壤之间也可以养出伟人，家庭教育真是重要！

[1]更多资料请参考《宽恕就是爱》，印刷工业出版社出版。

21.
摆荡于背叛、欺骗之间
情绪的爆发

　　午餐之后，若菱一走进办公室就觉得气氛有点儿不太对劲儿。若菱纳闷儿今天是什么日子，还是自己对能量太过敏感了？

　　过了一会儿，老板王力找她。若菱进了老板宽大的办公室，坐在他的正对面。

　　王力抬眼看了看若菱，说：“今年你的表现很好，业绩应该是第一名，但是销售部门老总心里另有所属，坚持陈玉梅的表现比你好。而且陈玉梅举出一些例子，说你惯于抢别人的功劳，据为己有。”

　　王力看着惊呆了的若菱，无奈地说：“虽然是我的部门，但销售部门的回馈也是业绩考核的重点之一，老总最后还是决定把第一名给了陈玉梅。”

　　若菱此时气得全身发抖，说不出话来，心想：“亏我跟她还算是好朋友！”

　　“我知道你的努力和成绩，今年就暂时委屈你了。”王力站起来，拍了拍若菱的肩膀。若菱点点头，全身虚弱无力地回到办公桌前。

隔壁的玉梅若无其事地敲打着计算机键盘，一副置身事外的样子。

若菱实在气不过，不禁寒着脸问："你为什么诬陷我？"

玉梅惊讶地抬起头说："没有呀？什么事啊？"

"你为什么说我爱抢别人的功劳？我什么时候这样了？"若菱忍住激动，冷冷地质问她。

"没有啊，你听谁说的？"玉梅一脸的无辜。

别装蒜了！若菱心里恨恨的，再也忍受不住了，收了包包就往外走，心想这份工作不要也罢，人心实在太可怕又太可悲了！

走在车水马龙的街头，顶着冬日的太阳，若菱真不习惯在这样平常的日子里，还是大白天的，就走在路上无所事事。

"可见我多么认同自己的工作了！"若菱觉察到。

真的，工作是若菱生命中如此重要的一部分，如今遭受这样的打击，对她来说真是痛苦。不过真正让若菱伤心的还是玉梅的行为，让她有种锥心刺骨的被背叛、被欺骗的感觉。

逛了大半圈，一看手表才下午三点多，真的没地方去了。"回家吧！"若菱突然很想好好休息一下。

到了小区的大门口，若菱突然有种直觉，停下了脚步，探头一看，结果看到了她从未料想过的一幕。

志明和一名长发女子在小区的园子里，朝若菱的方向走来。若菱一惊，赶紧退到旁边的树丛里。

若菱观察着他们的举动，直觉告诉她，志明和女子有说有笑的样子，关系绝不单纯。若菱已经震惊到不知如何反应。

"希望……希望他们只是普通朋友！"她宽慰着自己，魂不守舍地踏进了小区的大门。

管理员伯伯看到她，有点儿惊讶地问："若菱啊，今天怎么回来得这么早？"

若菱忍不住问："他常常带那个女的来这里吗？"

管理员伯伯假装没听到。半晌，他回过头来，以怜悯的眼光看着若菱："俺不知道，那是你们小两口的事，别问俺！"

若菱的心碎了，这样的回答证实了自己的猜测，她简直已经无力再说任何一句话。勉强撑着身体回到家中，她刻意到主卧、客卧、书房转一转，看看有没有什么蛛丝马迹，可是看不出个所以然来。

"真是惯犯了，手脚干净利落！"她颓然倒在沙发里，筋疲力尽，哭也哭不出来。

半梦半醒之间，仿佛做了一个梦。她梦到自己好像在美国读书时住的地方整理车库，有一辆破旧的自行车，若菱觉得放在车库太碍事，没有多想，就将它放在车库门口的马路边上。一会儿有个人来把自行车推走了，若菱急急忙忙地在后面追，质问他为什么推走她的车。那人说："是你不要的啊，我才推走的。"

"真是个莫名其妙的梦！"若菱醒来后，揉揉眼睛，一时不知身在何方。直到看清楚自己身处黑黢黢的家里，手表指针指着七点，这才想起来下午在办公室和家里发生的两件悲剧，一时间，若菱恨不得当场死去，免得面对这些锥心之痛。

　　"这是我的胜肽吗？"若菱自问。一天之内遭逢两个严重打击，让若菱真的觉得生不如死。怎么会这么巧呢？两件事同时发生，而且若菱的感觉都是：被背叛、被欺骗。现在写"我看见我在寻求被背叛和被欺骗的痛苦感受，我全心地接纳这种感受，并且放下对它的需要"还来得及吗？我又怎么可能欢迎这种情绪呢？

　　这个模式是如何养成的呢？若菱想起小时候，妈妈常常给她这样的感受。每次答应她要带她出去玩儿，十次有八次落空，次次都有不同的借口。后来妈妈嫁人了，又生了妹妹，若菱觉得彻彻底底被背叛、被遗弃了。新仇旧恨加在一起，终于让若菱放声大哭，哭得肝肠寸断，不能自已。

　　"为什么？为什么他们都要这样对我？"若菱捶打着沙发，愤恨不已。

　　门响了，志明推门而入，看到满脸泪痕的若菱，吓了一跳！

　　"怎么了？"志明紧张地问。

　　他诧异她怎么会在这个时候回到家里，而且还哭得伤心极了。

　　"被炒鱿鱼了吗？"他语带关切地问。

　　若菱不知道该怎么回答。"真会演戏。"她心里冷笑道。

　　电视里、小说中，常常看到人家泼妇骂街，对变心的丈夫大吼大叫，但此刻的若菱失去了动力，连愤怒的能量都发不出来了。她低头继续饮泣，迟迟才蹦出一句："她是谁？"

志明呆了好半天不说话。他的模式一向是避免冲突的，在这个节骨眼儿上，更是不知如何应对，只是讪讪地说："我的同事……"

若菱直视他的双眼，夫妻相对无言。

志明回避着若菱的目光，想要解释什么，但被若菱犀利的目光打碎了说谎的必要。

又过了好一会儿，若菱鼓起勇气问："你想要怎么样？"

时间冻结住了。往常，为了些鸡毛蒜皮的小事，他们可以大动肝火，两人一言不合，若菱就离家出走。而现在，在这个大是大非的问题上，她却显得格外地冷静。

志明欲言又止了好几次，仿佛在经历激烈的思想斗争。

若菱挺起胸膛，淡然道："说吧。"

志明终于拿出了最大的勇气，挤出来一句话："我想离婚！"

若菱的最后一线希望像高空中的风筝一样，断了线，在无垠的天空中飘向远方，消失在云海之中。

我看见我在寻求被背叛和被欺骗的痛苦感受，我全心地接纳这种感受，并且放下对它的需要

22.
是谁在伤口上撒盐
情绪的疗愈

　　若菱愁云惨雾地坐在老人的桌前，哭丧着脸，一切尽在不言中。

　　老人心疼地看着她，像看着一个跌倒的孩子，给予她情绪上的全面支持，但是希望她能借由自己的力量站起来。

　　过了很久，若菱坚强地抬起头，看着老人，郑重地宣布："好，我知道了，我的人生模式之一就是要去经历被背叛、被欺骗，因为我从小就在豢养这方面的胜肽。那又怎么样？"若菱开始声泪俱下，"我最好的朋友欺骗我，我的丈夫背叛我，我好痛啊！我活着干什么？不如死了干净！"

　　若菱甚至觉得不遇到老人就好了，至少她可以把所有的责任推到别人身上，自己可以成为一个完全无辜的牺牲者、受害者，全力地攻击别人。可是现在的她，不仅不能像一般怨妇那样撒泼，反而还要努力冷静地分析自己潜意识的模式，真像做手术不打麻药一样。

　　然而若菱毕竟是一个弱女子，不是关云长，对眼前的痛，无法泰然处之。

"我能超越自己的情绪吗？我这么痛，有什么代价和收获吗？我会因此而成长吗？"若菱哽咽着问。

"受苦有两种，"老人平静地劝导，"一种是无知的、无明的受苦，就是任随潜意识的操控而受苦，同时在抱怨、抗拒那份痛苦。这样的受苦不能让你成长。"

若菱眼中含着泪水，在朦胧中看着老人。

"另外一种受苦是有觉知的受苦，当你感觉到撕裂般的痛楚、好像要爆炸似的愤怒，你不逃避、不抱怨，你全然地去经历它。让这个压抑、隐藏多年的能量爆发出来，用不批判、不抗拒的态度，在全然的爱和接纳中去经历它。这样的受苦，是你走出人生模式、茁壮成长的契机。"

"那要怎么做呢？"若菱在绝望中抓住了一根稻草。

"你现在很气你的朋友和老公吗？"老人问。

"不只气，我恨他们！"若菱咬牙切齿。

"那么闭上你的眼睛，感受此刻的那个愤怒和怨恨。"老人命令她。

若菱依言闭上眼睛，眼前浮现出玉梅的假笑，还有志明和长发女子扬长而去的画面，她真的觉得自己好像要爆炸了。

"你愤怒的感觉，在身体的哪一个部位最强烈？"

"胃部。"若菱说着揉了揉自己的肚子。

老人拿了两个软的坐垫，放在若菱面前，告诉她："全然地去感受你胃部的不舒服和愤怒，然后把这两个垫子当成你恨的人，你首先要做的，是尽量把怒气发泄出来。"

若菱迟疑了一下，老人抓住她的手，让它们重重地打在垫子上，帮助她启动。

若菱起初慢慢地、一下一下地用拳头去击打那两个垫子，后来怒气愈来愈旺，下手愈来愈重，变成疯狂的雨点般的捶打，嘴里还喊着："我恨你，我恨你，你不要脸，你坏死了，我真的恨你，永远不会原谅你，一再地欺骗我……"若菱激动得一直捶打坐垫，泪如雨下，不能停止。

狂乱的发泄一阵之后，若菱突然发现，眼前出现的画面竟然是她的母亲，还有父亲。

"不要批判、不要抗拒，就是去接纳这个愤怒！让这种能量自然地流露出来，不要压抑！"老人从旁提醒。

若菱这才第一次觉察到，她有多恨她的亲生父母。"你们抛弃了我，不要我，让我变成没有人要的孩子，我恨你们，我恨你们！"接着一股强烈的悲伤从她的胸口喷涌而出，若菱的眼泪、鼻涕、口水一股脑儿地往外流，完全不受控制，若菱感觉自己已经接近疯狂的状态。

"不要想，只是去经历它。用爱去接纳你压抑了几十年的愤怒和悲伤。"老人再度提醒。

若菱再度投入那个疯狂、暴烈的情绪发泄中，把几十年的怒气、痛苦和悲伤，一股脑儿地倾泻出来。两个可怜的坐垫，被打得已经快破裂了，上面全是眼泪、鼻涕。

　　真的像是狂风暴雨过后一般，若菱披头散发，两眼浮肿，脸上的妆全糊了，现在走到街上，人家看了一定会退避三舍。

　　老人递给若菱一盒面纸，让她擦干脸上的泪痕。

　　"感觉怎么样？"老人问。

　　若菱吸了口气，胸口真的舒服多了，胃部的大石头也不在了。"好多了！"她如实回答。

　　老人又给了她一些喘息的时间，这才又开口："压抑多年的情绪，就像是黑暗的能量。唯有带着爱的觉知之光，才能消融它们。"

　　"可是……"若菱迟疑着，"我明天还是要面对这一切，收拾这些残局呀！"

　　"是的，现在是你学习臣服的时候了。"老人严肃地说。[1]

　　"臣服？向他们臣服？"若菱挑高了眉毛。她想说："没搞错吧！"可是硬生生地吞回去了。

　　"不是对人臣服，是对事情臣服，对本然（what is），就是已经发生的事情臣服。"老人解释。

　　"可……可是……我怎么可能对玉梅做的事，和志明背叛我、要和我离婚这几件事臣服呢？"若菱还是不明白。

　　"这些都是已经发生的事情了，你除了臣服，还能做什么？"

　　"你的意思就是让我什么也别说、什么也别做了，任人践踏我？"若菱还是牙尖嘴利，"那我心理能平衡吗？"

老人继续开导她："你在情绪上，要先接纳已经发生的事。比方说，玉梅的陷害，你接受了，就是不去生气了，因为你再生气，都不能改变她背后插你刀子的事实。"

若菱无奈地叹了口气。

老人继续说道："接下来，你的选择就是原谅她，继续与她为友，还是决定对她敬而远之。然后，对于可以改变的事，你还是可以尽力去做，力挽狂澜。但不论你的选择是什么，你都必须对她背后诬陷你的这件事臣服。"

"为什么？"若菱听见"臣服"这两个字就有气！

"因为事实最大，已经发生的事情是不能改变的。如果你不接受它，就好像拿头在撞一面墙壁，而希望能把它撞开。无济于事，徒劳无功呀！"老人摇头叹息，"我们人会受苦的最大原因，就是抗拒事实。"

"那我就让小人得逞啰？"若菱还是据理力争。

"你可以选择去跟老板和老总解释整个事由和情况，如果他们还是不能接受，你可以选择明年更加努力，让他们没有话说地必须把第一名给你，或是你觉得这不是一个可以让你公平竞争的环境，所以你可以挂冠求去。"老人鼓励她，"无论你的选择是什么，不带负面情绪去做这些事，会比带着情绪去做好得多。"

"是，做这些后续事情的时候，如果有负面情绪的话，的确是无

压抑多年的情绪，就像是黑暗的能量。唯有带着
爱的觉知之光，才能消融它们

济于事的。"若菱终于承认，但还是有点儿愤愤然。

"好，"老人赞许，然后语重心长地说，"臣服的第一步，就是要先看到自己的抗拒，而且看到自己的抗拒是徒劳无功、无济于事的。生活现在给了你一个体验和成长的契机，你能够通过这个考验吗？"

"我一定可以做好！"若菱鼓起勇气，"生活留给我这样一个巨大的创伤，我不会继续在上面撒盐。我会努力让伤口好好愈合，使自己的情绪和心灵恢复健康。"

---

[1] "臣服"这个概念在《修炼当下的力量》（辽宁教育出版社出版）这本书中有精彩的描述。

23.

爱过、痛过、哭过之后

臣服的体验

　　若菱做好万全的准备，鼓起勇气踏进了办公室。同事们看到她，有的给予鼓励、同情的眼光，有的是幸灾乐祸的表情，若菱顾不得去分析这些人的心态了。走到自己的座位，看到玉梅已经坐在隔壁她自己的座位上，假装没看到若菱的到来。

　　若菱决定接纳老人的意见：对已经发生的事情臣服，因为任何程度、任何形式的抗拒都是徒劳无功的。她接纳了自己的好友出卖自己的事实，也决定从此和玉梅保持礼貌的距离，和其他同事一样。

　　她没有办法像那个面摊的老板娘原谅前夫一样地原谅玉梅，虽然她知道，玉梅也是来给她"功课"的，但是现阶段她无法放下，所以决定不要勉强自己。不过，若菱可以从玉梅的角度来看事情了——玉梅一心想要攀升、力求表现，甚至到了可以出卖好友的地步，这一点若菱倒是可以从怜悯的角度看待她。

　　另外一个迫使若菱这么快就从这件事情走出来的原因就是：她想赶快放下这件事情，好专心地处理与志明之间的事。同样，她必须接纳

137

志明有了外遇这个"事实"，但她还是可以采取相应的行动。

传统的"一哭、二闹、三上吊"的方式，就是摆明了不接受事实的徒然挣扎，反而把事情愈弄愈糟。若菱知道志明外遇的事情，触及了她几个痛点：

第一，觉得自己总是不够好的想法。一定是我做错了什么，一定是我不够好，他才会另寻他人。

第二，若菱对未来本就有很深切的不安全感，很不喜欢生活中有任何的变动。现在，婚变的事实逼得她要去面对完全不可知的未来，真是令她惶恐不安。

第三，不管她是不是真的还很爱志明，毕竟共同生活了这么久，感觉就像亲人一样，志明已经成为生命当中的一部分了，突然要割舍，谈何容易？

若菱回溯老人的一些教导，她知道觉得自己不够好的想法来自我们和真我分离。但是无论在理性、知性层面多么清楚了解，若菱的自尊心还是受到了很大的伤害。

而且这几天，若菱老是有一些非常负面的想法——"我真的那么糟吗？她有哪点比我好？我真的是很笨、很差劲，连自己的老公都看不住……"这些想法在她的脑子里此起彼伏，挡也挡不住。

若菱想起了水的研究、米饭的实验……她知道这些负面思想对她的能量和心态的健康没有一点儿好处，可就是无法遏止。

而老人的意思是，浴火重生的凤凰是更有生命力的。若菱的自我太认同她的婚姻了，所以全面挫败以后，让若菱重新找到立足点的话，她会更坚强、更有自信。

另外，老人也保证，所有发生在我们身上的事件都是一个个经过仔细包装的礼物。只要我们愿意面对它有时候有点儿丑恶的包装，带着耐心和勇气一点儿一点儿地拆开包装的话，我们会惊喜地看到里面深藏的礼物。

对于老人的这些说法，若菱并不是那么乐观，但是她信任老人，愿意拭目以待。

"李经理，老板找。"同事通知她。

若菱心里想，不知道又有什么事。还是关于业绩的吗？老板愧疚了？

坐在偌大的办公室里，王力用坚定的眼神看着若菱："我想了一下，业绩不给你第一名真的很不公平，于是我昨天就和老总据理力争了一下，他同意今年我们有两个第一名，因为现在营销部门的人数很多，而且今年我们推出了不少新产品，大家都很辛苦，应该有这样的奖励。"

若菱喜出望外，泪水盈眶地看着王力，说："谢谢！"

王力欣慰地看着若菱说："好好加油啊，别受到打击就气馁了！"

若菱怕自己当场失态，赶紧走出王力的办公室，又到洗手间去痛哭了一场。老板的话对她有双重意义——工作上和婚姻上的，虽然他是无心说的，但是触动了若菱这个有心人。

　　回到座位上，若菱想起来刚刚进办公室时同事的眼光。大家昨天或是今天就应该知道她也列为第一名的消息（这种事在办公室传得很快），所以她进来的时候，觉得有些同事"同情、鼓励"，有些同事"幸灾乐祸"，那是她的大脑自己去筛选、过滤、定位出来的，其实并不是事实。

　　"我们的头脑真的很会欺骗我们，"这是若菱深切的体会，"它会看到它想要看到的东西，收到它想要收到的信息，无关乎外在的条件、事实是什么！"

　　回到家中，志明已经回家了。若菱轻声地问："吃过了没？"

　　志明连忙说："吃过了。"

　　若菱心一痛，很想问："是和她吃的吗？"但她忍住了没说，自己到厨房去弄了点儿东西吃。

　　志明很诧异若菱知道事情之后的表现，以他对她十几年的了解，若菱虽然不至于"一哭、二闹、三上吊"，但是也绝对不会轻易善罢甘休。若菱冷静的反应让志明有点儿心慌，不知道她心里究竟是怎么想的，会不会到学校去大吵大闹，让他难堪？

　　其实若菱真的不知道下一步该怎么办，只好隐忍着不发作。

　　志明有意无意地回避着若菱，因为若菱到底是心如止水，还是暴风雨前的平静，他一点儿也猜不透，就待在客房不出来。自从那天闹开了以后，志明就一直睡在客房。

　　吃完了饭，若菱早早上床睡觉。志明出来，在客厅看了一会儿电

所有发生在我们身上的事件都是一个个经过仔细
包装的礼物

视，然后沐浴，就回到客房去睡了。本来还抱着一丝希望，但愿志明能进卧室来睡的若菱，听着志明进进出出的脚步声、关门声，然后一切归于寂静，又忍不住潸然泪下……

24.
梦的秘密
当下的臣服

　　温暖的地方总是让人流连忘返，尤其是对感觉寒冷的心来说。所以，若菱再一次响应小屋的召唤。

　　来小屋的路上，山路前面可能发生了车祸，车子大排长龙，把公路变成了停车场。若菱其实很心急地想要赶到小屋去见老人，但是随即想到："塞车，是谁的事？"

　　"老天的事！"若菱可以想象老人回答这个问题时似笑非笑的表情。

　　"老天的事，我管得了吗？"

　　"管不了！"

　　"管不了该怎么办呢？"

　　"臣服呀！"

　　若菱莞尔一笑。是呀，除了臣服，所有其他的举动、感受，都是徒劳无功而且白费能量的。若菱决定好整以暇地坐在车里听音乐，静待交通警察来疏解拥塞的车道。

放松下来之后，若菱的目光瞥到了路旁的一条小路。她依稀记得以前念大学的时候，有一次和同学们上山玩儿，曾经故意拐进小路里面去探险，结果发现了一条可以通上山的小路。还好若菱的车不是很大，应该可以试试看。

与其坐以待毙，不如行而冒险。顺着小路进去，这里很多都是私家路，若菱也顾不得那么多了，一路蜿蜒向上，果然找到了通往大路的途径，顺利抵达老人的家门口。

此刻，若菱坐在壁炉的火边，看着墙上跳动的火光。她与老人分享了公司的破例决定，还有自己上山时的经历。

老人很满意地点点头："臣服的好处就是，当你接纳了当下，不徒然浪费力气去抗争的时候，事情往往会有意想不到的转机出现，你才发现原来的挣扎真的是白费力气。而且，正因为你把能量充分关注于眼前的事物上，有的时候你会发现更好的解决之道，帮助你脱离眼前的困境，或是你不喜欢的情境。"

老人又在地上的圆圈圈里加上了两个字：臣服。"所以破解情绪障碍之道，最重要的就是臣服。"

若菱点点头。但是她知道，她还是不能就此放下婚姻的剧变，也许是一口气放不下，也许是真的对志明还依恋不舍，这真是个痛苦的考验。

"你最近的感觉怎么样？"老人关心地问。

"我前夫，哦，我老公……"若菱不知怎的，居然称呼志明为

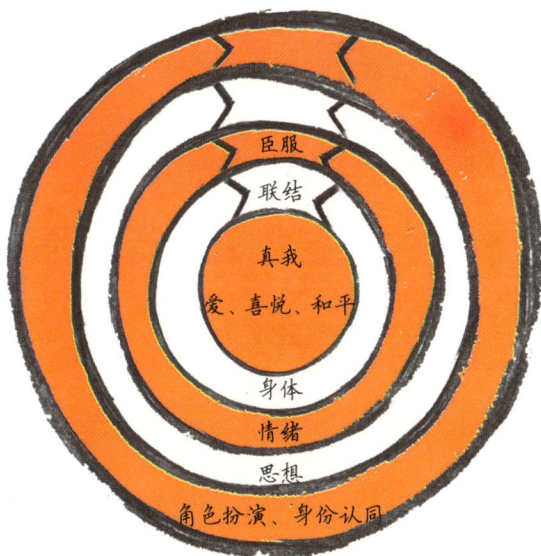

臣服
联结
真我
爱、喜悦、和平
身体
情绪
思想
角色扮演、身份认同

"前夫"了，难道她的潜意识已经接受了这桩婚姻注定要破裂的事实？！

"他一直都没有和我坐下来好好谈谈，他很害怕面对冲突。"

老人理解地点点头，突然问："你最近有没有做什么梦呢？"

若菱一时想不起来。突然，她想起那个下午在家里等志明的时候，做了一个不知所云的梦，她一五一十地告诉了老人。

老人认真地倾听，然后开始问问题。

"你那辆自行车，在美国是拿来做什么用的？"

"嗯？"若菱不懂，自行车当然是拿来骑的呀！

"我的意思是，是用来代步，还是娱乐健身的？"

"哦，是用来代步的。从家里到学校，很近的。"

"你在梦里为什么把那辆车搬出车库？"

"当时我开始工作了，开车上班，不太用那辆自行车，它没什么用了，又旧又占地方，所以想处理掉。"

"那为什么不直接拿去丢掉，只是把它放在车库的车道旁边？"

若菱想了想说："可能还是有点儿舍不得吧，好好的东西，虽然没用了，可是又没有坏，而且以前我用来上学的……"若菱有点儿诧异老人问这么多梦的细节。

老人不再发问了，闭着眼睛不说话。

过了一会儿，若菱问："这个梦……有什么特殊意义吗？"她记得李建新说过，梦是潜意识的语言，她的潜意识有什么事要告诉她吗？

"你的潜意识很妙，它不直接告诉你它的内容，而是用很多象征和比喻。"老人说，然后缓缓地透露，"在这个梦里，你的自行车就象征了你的丈夫。"

"志明？"若菱瞪大了眼睛，"志明就是那辆自行车？"

老人点头，然后说："你自己好好想想。"

若菱有点儿不敢想，难道在她的潜意识中，志明只是一个"用旧了的、没有用处的交通工具"？

"当然也不是那么具象化啦，"老人安慰她，"它只是暗喻了你其实在潜意识的层面，已经知道你不需要志明了，但表意识还是割舍不下，因为有人来把自行车推走的时候，你还抗议呢！就像现在的情形。"

若菱觉得她需要花一点儿时间来消化老人所解的这个梦，毕竟一下子这么多潜意识的东西冒出头来，的确需要一些时间好好整理一下。

但是，她还是忍不住向老人诉苦："我现在有很多强迫性的念头在脑袋里面盘旋不去，很苦恼呢！怎么样可以停止我们脑袋里的思想？"

"脑袋里的思想我们无从控制，"老人平静地说，"我们只能借由观察它、检视它来转移，我会教你的。"

若菱如获大赦地静静听着。

"记不记得第一次见面的时候，我就让你去观照你的思想？"

若菱点点头。

"看到我们的思想的同时，你就切断了与它的认同，如果你进而检视它的真实性，你会发现，我们90%的思想几乎都是不正确的。当你不再盲目地听从脑袋里的声音时，就是它可以止息的时候了。"老人歪着头想了一下，写下一个名字和一个电话号码给若菱，"你去找她，她会教你如何去检视我们思想的真实性。"

想一想，老人又写了一个名字和电话号码："她也是很好的体验者，会帮助你渡过目前的难关。"若菱仔细地把老人写的字条收好。

"还有一个方法就是把注意力带回到当下。因为你如果去看你的思想时，你会发现你所想的东西，不是在过去就是在未来，很少是当下这一刻的关注。"老人很认真地说，"这个时候，如果你把注意力拉回到你现在正在做的事情上面，比方说如果你在洗碗，你就感受一下水的温度，皮肤和碗盘接触时的感觉，碗盘从油腻到干净之间，你手指触摸它们的感觉变化……就可以阻止自己胡思乱想。"

"那如果，我当时没有在做什么呢？比方说，坐车、等待的时候？"若菱问的问题都很实际。

"很好，"老人赞许，"那么你就把注意力放在你的内在身体，去体验你当时身体各个部分的感受，或者把注意力放在你的呼吸上面。因为你知道吗？"老人停顿了一下，"我们的思想总是在过去和未来，但我们的身体和呼吸却永远是在当下的。"

我们的思想总是在过去和未来，但我们的身体和
呼吸却永远是在当下的

25.
背负重责大任的脑袋
检视思想

这次老人介绍的学生，是一个工作室的负责人。老人的学生接到若菱电话的时候很高兴，建议若菱来参加她组织举办的一个工作坊，叫"拜伦·凯蒂一念之转"。若菱看了一下时间，自己刚好有空，再加上的确想减少和志明相处的尴尬，所以就答应了。到了工作室，若菱立刻感到很舒服、很放松，整个中心好像有一股奇怪的氛围，让她感觉到回家的那种温馨和舒适。进去的时候，其他学生都到了。老师抬头看见若菱，给了她一个很温暖的微笑。原来她就是上次那部电影的导读人！

若菱坐下来，听到老师正在说："我们每个人每天都在挑剔很多东西，吃的、穿的、用的，还有自己的亲人、朋友……可是我们却从来不挑剔自己脑袋里面的思想。它说什么我们就相信什么。"

若菱一听，觉得很有道理。真的耶，我们心里想什么，我们从来不去质疑，一直都信以为真。谁曾经想过我们的思想可能会"欺骗"自己呢？

"我们对自己的思想深信不疑，让它牵着我们的鼻子走。"老师做了一个牛环的手势，套在自己鼻子上，同学们都笑了。

"腐烂发臭的食物，你绝对不会放入口中，或是吞进肚里。"老师又说，"可是，你们有没有想过，每天你放了多少负面的思想在自己脑袋中，还反复思考、琢磨它们？"大家一听都点头称是。

"那么，这些思想是怎么来的呢？我们生下来的时候是空白一片，不会思想的。谁把思想放进我们脑袋里的呢？"老师站起来，在白板上画了一个人头。这时候，同学们七嘴八舌地说：父母、老师、电视、社会、朋友……

老师点头，然后指着一个同学问："小时候，你的父母告诉你，你应该要怎么样？"

那个同学瘦瘦的，带着一丝忧郁的气质，她说："要聪明、能干。"

"很好！"老师说，然后在人头上面写了"聪明、能干"。

"你呢？"老师指着唯一的一位男同学，"父母告诉你，你'应该'要怎么样？"

那个瘦小的男同学说："勇敢、独立。"

"是，男孩子嘛，应该要勇敢、独立！"老师同意，在人头上又加了些东西。

问到若菱时，若菱不记得小时候爸爸妈妈曾经认真地要求过她什么。他们就是觉得若菱应该"听话、懂事"。老师把这个也加上了。

最后出现的，是一个满负重责大任的脑袋。

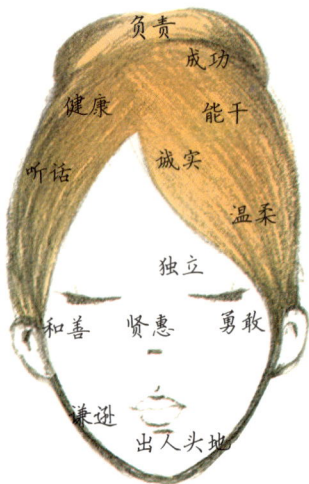

"好，很多的'应该'哦！这是我们每个人的理想。可是我们每个人都有很多面的呀！我们有勇敢的一面，就一定有胆怯的一面，因为这是一个二元对立的世界，我们是一个完整的人，不可能只有一面而没有另外一面。再能干的人，再完美的人，也会有力不足以逮的地方。但是因为你被告知'应该'要'勇敢'，所以你怯懦的那一面呢？"

老师做了个手势，手往墙角一挥："就被你丢到墙角去啦！"

"如果你从小就被灌输'你必须能干'的这个理想，那么你不能干的地方，你能力有所欠缺的地方，一定会被你否定和压抑，是不是？"老师用她美丽的大眼睛，直视每一个同学。

"所以，凡是不被允许的那些特质，就被我们压抑在潜意识里面。但它们是一种能量，不会因为你不承认它的存在就消失了呀！"老师停在这里，让同学们大致地检视一下自己的潜意识垃圾桶里面，库存了些什么东西。

"这些东西，就是心理学家荣格所说的'阴影'，被我们否定的、压抑的、抗拒的内在特质。这些我们压抑下去的阴影，还有我们从小到大不被父母、环境认同的各种情绪，都是没有释放的能量，储存在我们的细胞记忆里。它们不时会浮上台面，给我们造成困扰，但是我们并不想去看它们。于是，我们怎么做？"

老师又在人头周围画了一个圈圈，写上"策略"两个字。

"于是我们就发展出很多策略来逃避这些蠢蠢欲动的不安、浮躁、突如其来的暴怒、莫名的忧伤，还有脑海里面喋喋不休的'你不够

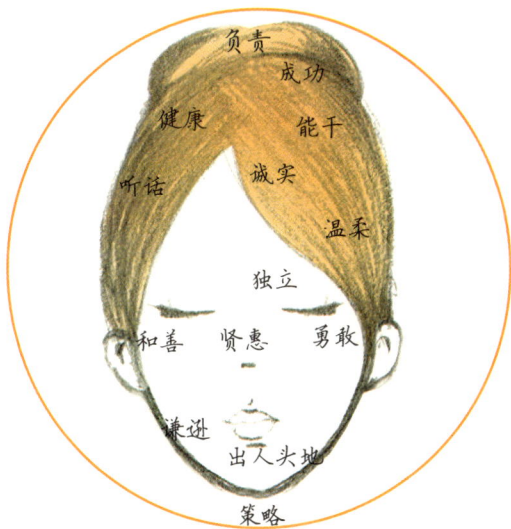

好、你是错的、你不如别人、你不够完美'的紧箍咒。"

"我们发展出来的策略有哪些呢？"老师问。

"拼命工作！"一个看起来就像女强人的学生，很有默契地回答。

"是的，"老师说，"有些人每天把时间排得满满的，就是不愿意去面对自己。"

"喝酒、抽烟。"一个面目清秀的女孩说。

"是呀，各种瘾头，任何上瘾症，包括刷卡购物、派对狂欢、大吃大喝，都是因为有难言之隐吧！"老师在白板上把学生说的各种策略都写下来。

拼命工作、酗酒、抽烟、各种瘾症、看电视、追星、过度运动、帮助别人、不停地读书、学习、泡夜店、换伴侣、换工作、在生活中制造各种戏码、做义工、投入各种团体。

"还有……"老师神秘地说，"上各种心灵课程、参加工作坊、去庙里打禅、到处参加灌顶法会、上教堂、望弥撒。"

学生听得目瞪口呆，有个女孩勇敢地问道："你是说这些灵性的追求、宗教的修持，也有可能成为我们逃避面对自己的一种手段？"

"为什么不是？"老师反问，"如果你不面对自己的阴暗面，光是拼命上课、灵修、参加各种宗教活动，甚至持咒、念经、祷告、唱诗歌也是没有用的。你不想面对自己内在的那个部分，就像《爱丽丝梦游仙境》里的那个兔子洞一样，又深又暗，连耶稣、佛陀、任何大师都碰触不了。只有当你自己愿意进去探索，把里面的东西拿出来，摊在阳光下接受疗愈，或是把光带到洞中，疗愈才会发生。"

同学们静默了很久，在消化这个难解的课题。

过了好一会儿，老师又说："接受了这么多的'应该'和理想，我们于是产生了很多的信念、价值观、态度、标准，来约束自己，也来衡量、批判他人。这些就是我们每日所思所想的基础，可是我们从来不去检测我们思想的正确性。"跟其他很多老师一样，她也规定了回家的功课："你们回去照这个作业的要求写下自己的想法，明天我们就来检视一下这些想法的真实性。"

若菱这个好学生立刻在脑子里开始琢磨，回去怎么样写这个家庭作业，却被老师打断了。

"现在，我们一起来做静心冥想。"

若菱心想："如果平时自己也能静心、什么都不想，那就太好了，简直是一种奢侈啊，我……"在爱抚般的乐声中，她一下子入定了，原本纷扰的思绪很快消散。

"大概是团体能量磁场的缘故吧！真舒服！"若菱想。

26.
亲爱的，外面没有别人
转念作业

　　若菱看到老师发下来的家庭作业，着实有点儿纳闷儿。作业的题目叫"批评你周遭的人"，然后按照要求把你的想法写下来，一共六个题目。[1]

　　若菱最想写的当然是志明，但是她又不想在陌生人面前吐露自己婚姻的问题，所以她琢磨着该怎么写这些问题，搞到很晚才睡。听到志明进屋的脚步声，和他关上客房房门的声音，又是一阵心痛。

　　第二天是周日，若菱起了个大早，很期待地又去那个工作室，听老师的课。一开始，老师又是带领大家静坐，若菱在一种无形的能量中，感觉好放松，身体轻飘飘的，思绪也不知道飞到哪里去了，直到老师呼唤他们回来，若菱才依依不舍地睁开眼睛。

　　"昨天我们谈到逃避我们自己以及其他问题的策略，其实还有一种策略，叫作……"老师在白板上写下了"投射"两个字。

　　"什么是投射呢？比方说，我从小就被教导我应该是一个聪明的人，我也自认为我很聪明，所以我压抑、否认了自己不聪明的地方。于是，我看到不聪明的人的时候，他提醒了我内在不想面对的部分，所以我特别讨厌不聪明的人，对他们没有耐心。"

老师停下来，看看所有的学生："同样的，当你对某一类人或是他们的行为，特别有意见、特别看不顺眼的时候，就是一种自我的投射行为，也是一种逃避策略，其实，他们的那些缺点你都有，只是不承认罢了！"说着，老师把手比成一个手枪的姿势，对着一个学生，然后说，"你看，当我手指着你批评的时候，有几根手指对着我自己？"

很明显，一根手指着对方，三根对着自己。然后老师说："我的老师最喜欢说的一句话，就是——"她看看若菱，显然她说的是老人，"亲爱的，外面没有别人，所有的外在事物都是你内在投射出来的结果。"[2]

针对老师的这句话，同学们展开了热烈的讨论。若菱班上的同学好像已经都是灵修老手了，对老师说的话很能够呼应、认同。若菱却觉得她需要一些时间来消化这么激进的观念。

首先，有个同学就提到了那部若菱看不太懂的电影，他指出电影内容说："观察者在各种事物的可能性中选择了一种，于是事情就如实发生了，所以事情是我们的'选择'，而不是我们被动地看事情发生。"也有同学提到了"吸引力法则"，能量相同的事物会彼此吸引，所以我们周遭发生的事物都是我们本身的能量吸引过来的。

一个同学忍不住了，她有不太相同的观点："我是个基督徒，我是认同有一个最高力量在管制这个宇宙的。你们这样说，好像人可以超

破解情绪障碍之道，最重要的就是臣服

越神，掌管自己的命运！"

　　大家突然变得鸦雀无声，震惊于半路杀出来这么一个程咬金。若菱倒是挺欣赏她的态度，毕竟有不同的意见可以激发我们更多不同层面的想法。

　　"没有冲突，亲爱的，"老师柔声地说，"当我们心里有个深切、真诚的渴望，整个宇宙都会联合起来帮助你，这就是你心目中的神。当你祈祷的时候，你的内在会发出一股正面振动的能量，它会把你想要的东西吸引过来，也就是神在回应你的祷告而赐给你真心想要的东西。"

　　那个同学紧绷的面孔稍稍有些放松了。

　　老师继续说："我们面对每天的生活，都去试着活在当下，臣服于所有'已经发生'的事。已经发生的事就是神，因为如果不是神的旨意的话，它不会发生，所以我们臣服于它。然后因为我们相信神的恩典，所以在当下的每个选择中，我们没有惧怕，能做出最好的选择，而且正因为我们深信神的恩典深藏其中，最好的事物会因为我们有意识的选择而发生。"

　　若菱真是很佩服老师能一转头就用基督教的语言，把刚才大家说的"另类"观点换成基督徒能接受的说法。在这一转念中，不但那位同学，连若菱也心悦诚服地接受了。

　　老师这时转过头来，看着一直没有发言的若菱，邀请她分享她的家庭作业。

若菱有点儿害羞地低头看自己写的东西，然后老老实实地念道："谁让你感到愤怒、挫折、迷惑，为什么？谁激怒了你？你不喜欢他们什么地方？"

若菱停顿了一下，更不好意思地小声念道："我对志明感到愤怒，因为他很以自我为中心，从来没有真正地关心过我……"

"好！"老师要她停下来，然后问，"这是真的吗？"

"什……什么？"若菱不解。

"志明很以自我为中心，从来没有真正地关心过你？"老师重复若菱的话。

"嗯，是真的。他只管他自己的事，很少关心我。"若菱回答。

"志明很以自我为中心，这是真的吗？他每时每刻都是这样的吗？他的每个朋友、周围的亲人都觉得他是这个样子吗？"

"嗯……"若菱没有把握了，不敢接腔。

"他从来没有真正地关心过你，"老师又念道，"这是真的吗？"

"有偶尔关心一下啦，但是……"

"从来没有，真正的，"老师加重语气，"这是真的吗？"

若菱说："嗯，大部分时候是真的。"

同学们都笑了，若菱也忍不住笑了起来。老师又问："当你有这样的想法时，你是什么样的人？"

"嗯？"若菱听不懂。

"当你抱持这样的想法——'志明很以自我为中心，从来没有真正地关心过我'的时候，你看到他，或是想到他的时候，你心里是什么感觉？"

"嗯，不太舒服……"若菱保守地描述。

"是喜悦、和平还是紧张、压力？"老师追问。

"紧张、压力！"若菱不假思索地答道。

"好，你想想，今天如果你没有这样的想法，在你的脑袋中，你看到志明，或是和他相处的时候，你会觉得怎么样？"

"好多了，比较平静。"若菱想象了一下，然后老实地回答。

"好，我不是要求你要放掉这个思想，我只是问问你，你有没有看到任何理由，让你放掉这个思想，不再背负着它？"

"是的，我知道。"若菱说。

"好，我现在请你把这个句子反转过来，把肯定句改成否定句。"

"嗯？"若菱不确定要怎么改。

老师帮她起头："志明不是……"

"志明不是以自我为中心，他不是从来没有真正地关心过我。"若菱机械地念出来。

"好，我现在请你闭上眼睛，在心里默念这句话，看看它的真实性和原来那句话比较起来如何？"

若菱闭上眼睛，照老师的话默念这个反转了的句子，她觉得很滑稽，不过好像后来这一句的真实性真的并不亚于原来那句。

若菱张开眼睛，有点儿不好意思地看着老师。

老师没有乘胜追击，只是继续要求若菱："把志明改成你，你改成若菱，把你写的句子再念一遍。"

若菱照着念了："若菱很以自我为中心，从来没有真正地关心过志明！"

"这句话的真实性怎么样？"

若菱闭目沉思，其实是在逃避困窘。她有点儿心虚，因为她知道她对志明的关心也是从她自己的观点出发的，很可能志明对她也会有同样的抱怨。

"这个家庭作业真是个陷阱！"若菱觉得自己上钩了，可是也不得不佩服它的设计之巧妙！原来我们对别人的指控，真的是有三根指头是对着自己的！

[1]参考《一念之转：四句话改变你的人生》，华文出版社出版。

[2]更多有关投射的资料，请参考《活出全新的自己》的第21小节，湖南文艺出版社出版。

27.
昔日女星的解套智慧
思想的瘾头

　　这一天，若菱又依约来到了一家高级私人俱乐部。报了自己的名字，接待人员恭敬地把若菱请到里面一个豪华而私密的房间。若菱当时就在猜，一定又是个名人了吧！虽然心里已经有了准备，可是看到这位艳光四射的退休女星时，还是吓了一跳。

　　这位女星在当红之际嫁入豪门，很多人当时等着看她的好戏。当时大家都不看好这段婚姻，等着她离婚复出，再现光芒。可是这位女星做少奶奶显然做得称心如意，都二十多年了，她还是清秀佳人一个，岁月并没有在她脸上刻画太多痕迹。她夫家的家世显赫，可是女星始终深居简出。

　　招呼若菱坐定了，女星笑着问："老人好吗？又有什么难题给我？"

　　"嗯，他要我问候你，他说你是从负面思想的困扰当中走出来的人，要我来跟你请教请教。"若菱小心地回答。

　　"哈哈，他真会出题。"女星笑得花枝招展，"嗯，让我想想，怎么说呢……"

女星收敛了笑容，陷入当年不愉快的回忆里。"当初嫁入他们家，我真的是下了很大的决心，要洗手做羹汤，做个贤惠的好太太。可是，环境一下子变化得太大，我从一个人人吹捧、光鲜亮丽的环境，到了一个连鲜艳衣服都不敢穿的保守传统家庭，更别说妯娌、婆媳之间种种复杂的人际关系了。我又是个明星，嫁到他们家，很多长辈本来就很不满意，所以难免诸多挑剔。外面又是那么多人等着看我的笑话，我真的是内外夹攻、心力交瘁。"

受到女星一席话的影响，室内的气氛也立刻低沉了下来。喝了口水，她继续回忆："当时，我真的觉得万念俱灰，常常有寻短的念头，后来碰到了老人，他告诉我：'亲爱的，外面没有别人。'他教我去检视自己的思想，挑战自己的信念，这给了我很大的启示。你知道，我们是完全听从我们脑袋里的声音，从来不去质疑它们的。"

若菱点头，表示同意。

"当然，他那个圆圈圈的图，"女明星嫣然一笑，"帮助我们从身体、情绪、思想等各个层面去清除我们与真我之间的障碍，也是我疗愈过程中很重要的帮助。"

"老人教了我好几种方法，像拜伦·凯蒂的转念方法，随时观照自己的思想，并且检验它们的真实性，另外他告诉我，没有任何事情可以造成心理上的痛苦。痛苦是来自你对事情的解释。痛苦是你创造出来的，是你对事情的解释造成了痛苦。"女明星拿了一张纸，在上面写上：

A（事件）→B（信念、想法）→C（结果）

"你看，A永远是中立的，因为同样的A，发生在不同人的身上会有不同的C出现。比方说，我婆婆看到我的时候脸色不太好（A），如果我认为她讨厌我（B），我会觉得很难过（C），但是如果我认为她当时心情不好（B_1），我会很中立地（C_1）注意自己和她的互动。如果我认为她是因为身体不舒服（B_2），我会很心疼地对她格外好一些（C_2）。所以不同的B，造成不同的C，也影响我和婆婆之间的关系。"

若菱看着这个简单的ABC图，没办法想象我们所有的烦恼，居然可以用一个ABC的公式就解释得清清楚楚。

"还有一个很好的方法就是，在我们每个负面的情绪后面，都有一个支持它的思想。因为情绪是身体被我们思想刺激之后而产生的反应。比方说，我的一个妯娌，帮其他的人都买了一些好东西，唯独没有给我。我当时很生气，也很伤心。然后我就检视自己负面情绪后面的思想，发现我'要求'我的妯娌对待我（一个刚嫁入他们家的人），一如她对待其他已经和她相处很久的亲戚。我有什么资格要求她要对我公平呢？我生气、伤心对事情有没有任何帮助呢？她这样做是谁的事呢？她的事我有资格干涉吗？"女明星两手一摊，"就这样，原先让我痛苦不堪的一些事情，在我把自己的思想带到放大镜下检视的时候，一个都不能成立。"

若菱心想："真有这么简单吗？我们真的可以在一念之间就超脱思想的束缚吗？"

女明星善解人意地看着若菱："当然，这整个过程并不像我说的这么简单，其间要经过很多的努力和漫长的等待。这些道理都懂了，并不代表你就都能做到。第一步，就是你要下定决心，不再被你的思想干扰，然后你要花很多时间去培养觉察和定静的功夫。"

"觉察和定静？"若菱问。

"是啊，我就是从静心冥想开始的。最早老人教我静坐的时候，我连五分钟都坐不住，心猿意马，脑袋里有如万马奔腾。但是随着我进行的一些身体工作和宗教的修持，我逐渐可以静下心来，好好看着自己。"

若菱问："那……请问你的身体工作和宗教的修持到底是什么呢？"

女明星又笑："呵呵，每个人都不一样啦，我的是瑜伽和祷告，读《圣经》，跟我的主联结。你可以选择别的道路，但是一定要做一些灵性的修持和身体工作，这样你才能逐渐从你自己的人生模式当中解套出来。老人能做的，是帮助我们去看见，但是你看见、觉察了之后，必须要有足够的心量去包容、接纳。这个功夫他给不了你，你得自己修炼。"

她最后又看看若菱，语重心长地说："静坐冥想是培养觉察和包容能力最好的方法，一开始五分钟也可以，慢慢地把时间拉长。这是迈向真我的不二法门，最基本的蹲马步功夫。"

28.

我是个婚姻失败者？！
思想的搅扰

　　冬日午后，阳光洒在公园的草坪上，闪闪发光。若菱偷得浮生半日闲地坐在公园的长椅上，欣赏远处嬉戏的孩子们。她这才了解老人说的"让我们心理上受苦的，不是事情本身，而是我们对事件的想法，和围绕着这个事件所编造的'故事'"。

　　就像现在，她悠闲地坐在绿色的大地上，享受难得的冬日阳光，周遭的氛围是祥和的、宁静的，若菱的心却不是。她的思想一直在折磨着她，停止不了。

　　"也许是静坐冥想的功夫不到家，我没有办法定静我的思想。"若菱尝试着静坐，可是那些扰人的思绪就像洪水般在她脑海中奔腾。老人是要她每日静坐，锻炼思想定静的"肌肉"，因为这条"肌肉"我们从来没有去训练过它，难怪弱不禁风。

　　"现在怎么办呢？在我的定静'肌肉'发展成形之前，我怎么样才可以不受思想的搅扰而享受当下这一刻呢？"若菱回忆着诸多老师的教导，决定从"观察自己的思想"开始着手。

让我们心理上受苦的，不是事情本身，而是我们对事件的想法，和围绕着这个事件所编造的"故事"

老人说："倾听自己脑袋里的声音，做一个观察的临在。声音在那里，我在这里听着它、注视它。这份了解，就不是一个思想了，它是对你临在的一个感觉，一个新的意识的次元就升起了。通过这样的观察（倾听内在的思考、对话），你可以感觉到在那些思想下面的一个比较深层次的自我，一个有意识的临在——就是那个永恒的观察者。"

说实在的，若菱在倾听自己思想的时候，并不能体会到那个有意识的"临在"，也就是另一个次元的我（真我），"可能真的是定静功夫不到家的原因吧！"若菱想，但是在作为一个观察者去觉察自己的思想的时候，若菱觉得自己脑袋比较不像一团毛线，或是糨糊了，至少她可以清楚地"看见"是什么样的思想让她受苦。

她想得最多的是："我该怎么办？志明不要我了。天要塌下来了，我再也嫁不出去了。我的后半生完了。我再也不会有幸福和快乐了。"

当她看见这些负面思想是以一种背景音乐的姿态在她意识层面播放的时候，她可以去检视它们的真实性。她知道自己一直有概括性的负面思考习惯，就是把很多事情都夸大，变得糟糕至极。而更清楚的是，此刻的她，好端端地坐在公园里，心里却担忧未来的、无知的、不确定的事，让她不能享受当下这一刻。

若菱知道，这些负面思想，如果一个个拿到放大镜下检视，没有一个可以成立，自己却如此受到它们的困扰，想到这里，若菱不由得苦笑了起来。

而困扰若菱最多的思想，就是对志明的怨恨。"他怎么可以这样欺骗我？他怎么可以变心？他怎么可以瞒着我跟别的女人来往？他当我是什么？傻子吗？在他的眼中我就这么没有价值吗？"

若菱知道这些负面想法来自她自己的"无价值"感，老是觉得自己不够好。当然，在理智的层面，若菱已经被老人说服了——"自己的价值是自己给的，不能把这个权力拱手让给他人。"况且志明的欺骗、外遇行为，已经是铁一般的事实，除了臣服，别无他法。

若菱开始自问自答：

"他怎么可以？"

"他就可以！"

"为什么？"

"因为他已经做了。做了就是事实。事实最大。而且，他怎么做是他的事，你接不接受是你的事。"

也就是说在情绪上，若菱要试着臣服于这件事，但是若菱能不能接受、愿不愿意继续待在这样的婚姻里面，或是要挽回，她有绝对的自由来决定，而无须受不必要的负面情绪的干扰。很多时候，我们以为我们情绪上的抗拒和反对，可以改变我们不想要的事实，但是现在若菱清楚地看见，自己的抗拒就像是拿脑袋在撞墙，真的是"徒劳无功"，而且对事情的后续发展一点儿帮助都没有。

另外困扰若菱的思想是："别人会怎么看我？我是个婚姻失败者！生命的失败者！"

若菱当然知道她可以自我安慰地说："婚姻失败不等于什么都失

败，而且别人怎么看你是人家的事，你根本管不了！"

可是，若菱觉得真正能够让她释怀一点儿的正面思想还是："我不是我的婚姻，我的真我不会因为别人的眼光、我婚姻的状态而有所改变。"想到老人的谆谆教诲和再三保证，若菱觉得自己有和真我更加接近的感觉。

整理过自己的思想之后，若菱真的觉得好多了。她开始默念自己破解人生模式的"咒语"——"我看见并接纳，我有被背叛和被欺骗的痛苦感受，进而放下对它的需要。"

默念几次以后，觉得心里的重担正在逐渐减轻。于是她又问自己："你是否可以欢迎这种被羞辱的、小我被贬低的感受？"若菱的第一个反应就是："不能！我不愿意！"于是她又问："那你可不可以允许它的存在？"若菱的心在挣扎，试着去好好感觉那份锥心的痛苦，而不去抗拒或是逃避。然后，她想到了臣服，于是，她在心里默默地回答："我可以允许它的存在。"

若菱突然觉得海阔天空、神清气爽。

"其实没什么大不了的嘛！不就是一种情绪嘛！来了就会走，不要躲避、藏匿或是压抑。只是去'允许'就可以了，她感到内在有一股力量油然升起。"

想着想着，若菱张开了眼睛，突然眼角瞄到一个熟悉的背影——李建新！

不过他并没有看到若菱。他身边有一个娇小的长发女子，打扮得十分青春，李建新不知道跟她说了什么，女孩笑开了，把头靠在他的肩膀上，李建新右手就趁势搂住女孩。

若菱霎时觉得有一种熟悉又奇异的感受，仔细一体会，就是那种被背叛、被欺骗的感觉。回过神来，若菱觉得自己有些好笑。她跟李建新连男女朋友都谈不上，怎么可能会有"背叛、欺骗"的感受？

不过李建新常常打电话给她，有时两个人也约会碰面，像好朋友一样。而最后一次分手的时候，李建新看着若菱的眼睛，含蓄地说："如果再给我一次机会，我一定不会放过你！"若菱一听羞红了脸，急忙离去。是这样就让李建新另择所爱了吗？

那股奇异的感觉被搅动了以后，一直不散去，若菱决定好好地面对它。

她坐在长椅上，闭上眼睛，感受胸口那个沉重、抽痛的感觉，不去逃避，不去压抑，就只是不带任何预设立场、任何成见地去"允许"它的存在。逐渐地，若菱开始能够以爱和理解去接纳这种情绪了。过了好一会儿，若菱觉得胸口有种能量释放的感觉，好像有什么东西正在悄悄地抽离，慢慢地，她觉得舒服多了，就张开了眼睛。

天空还是那么蓝，阳光还是那么灿烂。若菱的心情，却和刚来公园的时候截然不同了！

29.
什么让我感到喜悦
认同的解离

此刻坐在小屋中的若菱是定静而安宁的。老人关心地看着她，轻声问："你还好吗？"

若菱抬头看看老人，幽幽地说："我是能够接受志明有外遇，然后要跟我离婚的事实了……"

"是吗？"老人看着若菱，惊讶于她的成长与改变，"你是怎么做到的？"

"就像你说的呀，"若菱无奈地回答，"事实摆在那里，我看到自己所有的抗拒都是徒劳无功的。但是……"若菱迟疑了。老人安静地等待她继续倾吐。

"我还是很悲伤、低落，"若菱难过地说，"这些情绪好像已经变成我生活的基调了。我担心自己是不是会一直这样下去，一辈子就这样郁郁寡欢到老。"

老人沉默了一段时间，然后开口："你已经做到了第一个层面的臣服了，就是接受事实，现在要做的是第二个层面的臣服了——臣服于你因事件而衍生的情绪，不要与它抗争。"

老人温柔地看看若菱："很多时候，我们感觉很不好的时候，像你现在的悲伤、低落，我们会一直想要从这个泥沼中挣扎着逃出来。所以我们借由很多逃避策略不去面对它，压抑它、否定它、排斥它。你记住：'凡是你抗拒的，都会持续。'因为当你抗拒某件事情或是某种情绪的时候，你会聚焦在那个情绪或事件上，这样就赋予它更多的能量，它就更强大了。"

若菱明白地点点头："所以这些情绪就是一些能量，就像你以前说的，它们会来，就一定会走，我们任由它们来来去去，不加干涉。"

"是的，"老人满意地点头，"这些负面的情绪就像黑暗一样，你是驱散不走它们的。你唯一可以做的，就是带进光来。光出现了，黑暗就消融了，这是亘古不变的定律。"

若菱似乎看到了一线曙光，兴奋地问老人："那怎么样带进光来呢？"

老人欣慰于若菱的力求上进，开心地说："首先，你的自我觉察就会带来觉知之光。其次，喜悦是消融负面情绪最好的光。有什么事情是你爱做的，而且是可以带给你喜悦的？"

若菱想了想，自从结婚、工作之后，她一直没有培养自己的兴趣、喜好。生活中的喜悦，也不过就是业绩不错拿到奖金，志明带她去看场好电影或吃顿美食，老朋友聚聚……

"你记得我们说的喜悦和快乐的差别吗？"老人问。

"嗯，快乐是需要外在条件的，而且它的范围比较小，也有边际效益递减[1]的问题。而喜悦是发自内心的，然后可以大范围地渗透到你的全身，而且不会递减……"若菱回答。

她随即明白了，自己的生活中真的缺乏喜悦。思索了很久，若菱想到她从小喜欢跳舞，可是一直没有机会展现这方面的才华。另外，她由衷地喜爱孩子，也许她可以花一些时间到孤儿院去陪孩子玩耍。还有，在大自然的怀抱中，总让她觉得自由、开阔！

"很好，"老人看着若菱想得陶然欲醉，"你可以安排一个散心的旅程，到大自然的怀抱中，享受它那个最接近我们真我的振动频率。另外，也许可以去学学跳舞。"

"学跳舞？"若菱很惊讶。

"为什么不呢？"老人笑着说，"因为舞蹈是最能展现你自己的一种艺术，在舞动四肢的同时，你不但与身体联结，而且能释放累积的压力、情绪，进而用舞姿和蕴含其中的力量来表达你自己。"

若菱光是听着就感觉到很喜悦了。

另外，老人提醒："定静的功夫是对治我们纷乱思想和负面情绪的最有效的'工具'，因为它可以帮助你建立觉知，提升你对事物以及自我的觉察能力。而且在冥想时，我们的身体如如不动，情绪、思想都在严密的监控下，你和你的真我可以有短暂的相聚。虽然短暂，但你已经接近生命的源头了，也许不能畅饮，但多少可以沾染到那湿润的水汽。"老人解释，"定静的功夫不是一朝一夕可以建立起来的，不过在过程当中，你会愈来愈感受到来自真我的那些特质：爱、喜悦、和平。"

负面的情绪就像黑暗一样，你是驱散不走它们
的。你唯一可以做的，就是带进光来

"就像锻炼肌肉一样，一朝一夕不会看到成果，但是你会觉得自己日益强壮。"若菱做了一个很好的比喻。

"是啊！"老人开心地笑了，"然后你会在生活的点点滴滴中，逐渐看到让你喜悦的东西，它们是无所不在的。一朵迎风招展的小花，一个婴儿的微笑，一片阳光下闪亮的树叶，一句朋友随口的赞美，这些都是无声的问候、喜悦的祝福。"

若菱不语，沉浸在这种喜悦的气氛中。

停了一会儿，老人说："现在我们要来到圆圈圈的最后一个层次了。"他先在地上的圆圈上属于思想的那一圈，加了"定静""观照"两个词，然后告诉若菱："最后一圈，其实就是前面三圈所累积出来的。"

"我们和真我的距离愈来愈远的时候，会失去自我感，因此我们必须抓取一些东西来汲取我们的自我感，小我于焉产生。它不停地向外抓取，只为了加强它自己的真实性，好继续苟延残喘地存活下来。"

若菱其实已经领教到了小我的伎俩，尤其是在职场上，根本就是一个每个人的小我与他人小我厮杀的战场。

"大部分自我身份的认同是开始于青少年期，那个时候，发型、朋友、跟不跟得上潮流，是自我认同的一个标杆。现在的孩子，可能还加上手机、名牌吧！拿了最新款的手机，自我感觉就不同了。穿上名牌服饰，背也挺得比较直。"老人摇头，"学校教育、家庭教育，都没有告诉孩子们，他们真正是谁，也没有教他们如何从内在汲取自己的力量，而不是靠外在的认同和肯定。"

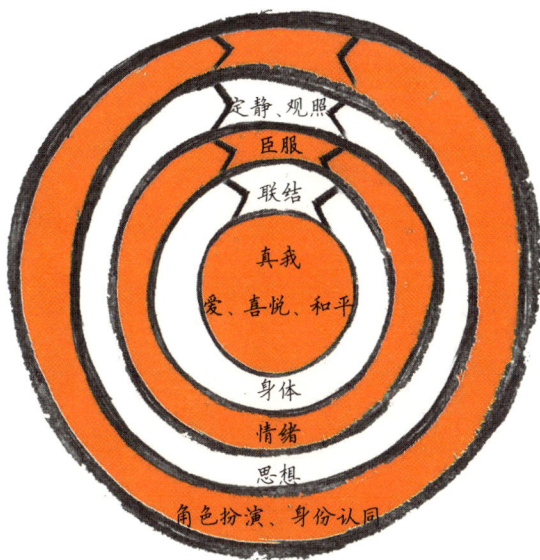

同心圆图，由外到内标注：角色扮演、身份认同 / 思想 / 情绪 / 身体 / 真我 爱、喜悦、和平 / 联结 / 臣服 / 定静、观照

　　若菱想起一件小事。有一次，她和志明到长江三峡去旅游，船上极其无聊，于是和另外一对年轻的夫妻相伴聊天。

　　若菱好奇地问："你们是哪里人？"

　　那位先生却回答："我在上海、香港都有房子。"

　　当时只觉得这个人有点儿奇怪，现在看来这也不过是小我的自我认同，认同他的房产是一种身份的表征。这时若菱忍不住说："然后我们出校门以后，自我的认同就变成了你的工作、你开的车、你住的房子、你的配偶、你的孩子等。"

　　老人同意若菱的说法，然后在最外圈加上了许多圈圈，上面写着各种我们以为是身份认同的东西。

　　"你看，"老人指着外面的圈圈说，"越向外抓取，我们就离我们的

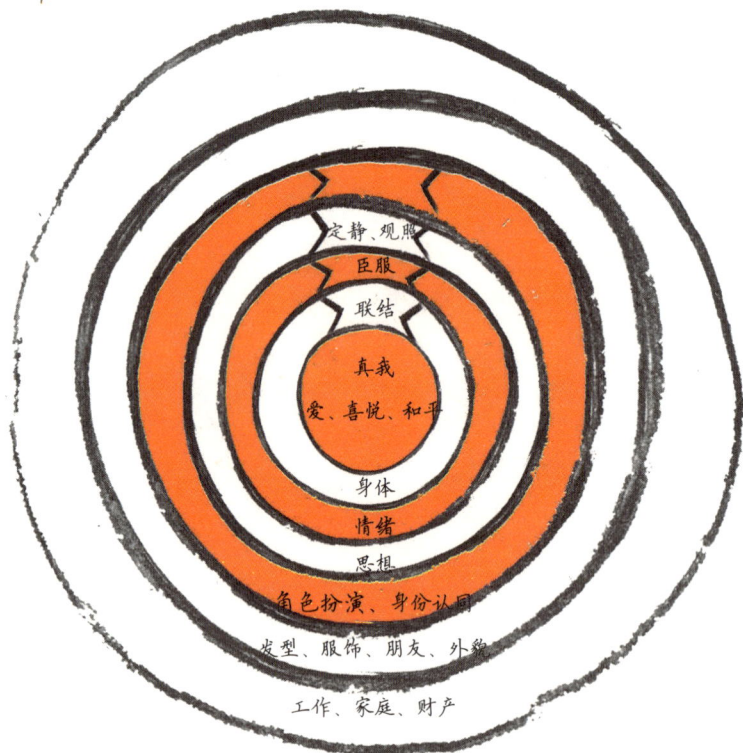

中心，也就是'真我'越来越远。这就回答了你最早的时候问过的问题：
为什么人人都在追求幸福快乐，但是真正幸福、快乐的人却这么少？"

　　老人进一步说："小我不但向外抓取，而且它也进一步认同它的
思想、情绪以及身体。"

　　看到若菱又是茫然的表情，老人笑笑说："比方说，有些人就觉
得受害者是他们的一种身份认同，如果此生不控诉那些所谓迫害他们的
人的话，他们就不知道自己是谁了。"

若菱似有所悟，接着说："然后小我也认同我们的思想，完全相信我们的所思所想都是真的。"

　　"对！"老人赞赏道，"有些人的小我甚至认同他们的遭遇或疾病，像你的同学露露认同'被弃孤女'的角色，有些人认同癌症患者的角色，这些角色加强他们的自我感，获取一些关注，然后他们才能确认自己的存在性。"

　　老人看看若菱，然后在身份认同的这一圈加上了"觉察"两个字。他指示若菱："你回去好好体会这个破解身份认同的秘诀吧！"

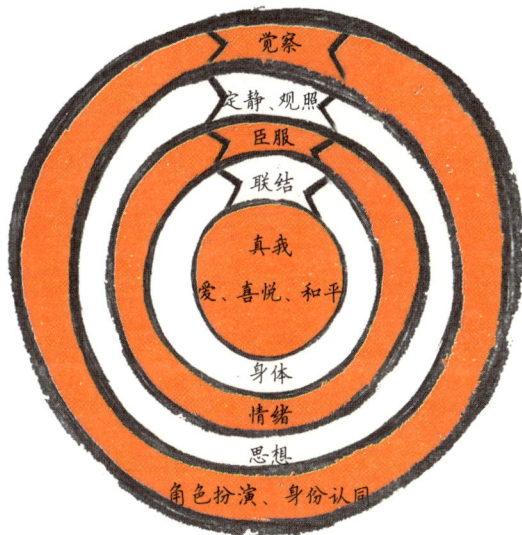

---

[1]边际效益递减原理：吃第一个冰激凌很好吃，第二个也不错，连续第三个就有点儿……嗯，第四个……第五个呢？

30.
老婆不是秀给别人看的
身份认同的探索

　　若菱迫不及待想看看老人给她的访客名单上的最后一位贵客是谁，她猜想应该也非等闲之辈。她依照地址来到了城里最高级的豪宅大厦，经过重重检查和通报，若菱得以搭乘电梯到了顶层，电梯门一开，管家已经恭敬地在等候了。他引领若菱通过了富丽堂皇的大门，进入了豪华的会客厅。若菱举头一望，四周尽是名家的画作，价格不菲。

　　主人一出现，若菱倒抽了一口气，原来是他！高科技产业赫赫有名的人物，怎么他也和老人交过手？！主人优雅地欢迎若菱，坐下来的时候，特别问若菱是否介意他吸雪茄。若菱连忙说不介意，感受到主人的谦和与真诚。

　　"老人好吗？"好像每个人见面都会问这句话。

　　若菱照旧礼貌性地回答："嗯，他很好。"

　　"嗯，"主人抽着雪茄，"你现在的进度是什么呢？"

　　"在身份认同这一圈了。"若菱回答，感觉他们好像隶属于什么黑帮似的，打招呼的语言别人可是一点儿都听不懂的呀！

"哈哈，每次他都是留这个最后的难题给我。"主人开怀地笑着。若菱实在很难想象以主人的身份、地位、财富、权势，他会有身份认同的问题。

　　收敛了笑容，主人缓缓地道来。

　　"那一年，我的夫人过世了。而我的事业面临着前所未有的危机，就在这个时候，屋漏偏逢连阴雨，我的健康也亮起了红灯。我一直是个非常乐观、坚强的人，但是一连串的打击太大了，我开始怀疑起人生的目的，还有自己的价值。"

　　主人吐了一口烟圈，又继续他的故事："我觉得自己像一个被打败的、一无是处的武士。就在这个时候，老人出现了，他让我看见，我的事业、家庭、成就，都不是真正的我，而我却如此地认同它们，认为我'拥有'它们，可是老天爷可以在一瞬之间，把它们席卷一空。"

　　他摇摇头，继续说道："我们这个小我，不择手段地去认同各式各样的事物，好延续它的存活。你看，就举一个最简单的例子，有些小孩子会为了一张纸打成一团，就是因为他们自我认同了这张纸是他们的，别人拿走了这张纸，就是对他们自我的一种打击。"

　　"不只小孩呢！"若菱也勇敢地表达她的看法，"美国高速公路上的很多命案，就是因为开车的人'认同'他们前面的道路是'他们的'，所以别人超他的车就是不给他面子。"

　　"哈哈，说得好！"主人由衷地赞美着，让若菱有点儿不好意思了。

　　"自从深刻地了解到这一点之后，我开始用不同的心态去应对我的人生。我的所作所为，不再是喂养我的小我了，而真的是从一个更高、更远的角度来衡量我究竟想要什么。如此一来，我的事业有了转机，健康逐渐好转，也找到了一个理想的人生伴侣。"

　　主人这时露出了暧昧的笑容："很多人觉得奇怪，为什么我不再娶一个年轻漂亮的太太。对我而言，老婆是和我一起过生活的，不是秀给别人看的，心灵相通最重要。比我年轻几十岁的女孩子，哪能懂得我的喜好、心意、心态呢？娶年轻女孩的人，通常都是希望在女孩身上满足一些小我的需求，这也是一种无谓的身份认同。"

　　若菱这时候大胆地提出一个问题："那您在和属下相处上有没有什么改变呢？"

　　主人一笑，相当嘉许若菱的问题："当然有啦。那些光会吹拍逢迎、没有真正能力的人，在我的公司现在无法生存啦。因为我不需要他们来喂养我的ego，让我自我感觉良好。每当我的属下在为面子、小我争辩时，我都会清楚地指出他们的盲点，很快就把问题给处理好了。"

　　若菱可以想象，其实跟着这样一个有觉知的老板工作，可能比那些需要人奉承的老板更难呢！因为常常会被老板识破自己小我的诡计，而且要常常反躬自省，真是不容易呢！

　　"那么如果我们要突破各种身份认同，就必须建立觉察的能力？"若菱想抛砖引玉地多了解主人精辟的看法。

　　"没错！觉知是破除身份认同的第一步。要你放下身份认同是很难的，'看见'是第一步——先要看到你自己认同某样东西，也许你没办法立刻放下，但是如果你能彻底了解到你认同的那些东西，其实不是你，也不是属于你的，你就有可能从这个向外境追逐的噩梦中醒来。"

主人最后看着她，语重心长地说："这个过程很漫长，也很难，你要有充分的决心和毅力。"

若菱告别了主人，心里非常充实地离开了他的豪宅。

正要上车的时候，手机响了，是李建新。

若菱犹豫着要不要接，手机响了好几声，又归于宁静。若菱其实已经放下对李建新的批判和情绪了，只是一时不知道怎么面对他。正在出神的时候，手机又响了，若菱决定面对难题。

"若菱？最近好吗？我找了你几次都没找到你。"

"哦，最近有点儿忙。"若菱没有多说什么。她是很忙，忙着处理志明有外遇要离婚的事，够忙了吧？！

"哦，我还以为你怎么了呢！我最近也是很忙，我女儿从美国来看我……"李建新在电话那头解释着。

若菱心念一动："你女儿？她多大啦？"

"很大了，都十四岁了，我当兵的时候她妈妈就怀上她了……现在出去人家都以为她是我小女朋友呢！"李建新有点儿尴尬地告诉若菱。

若菱霎时百感交集，又是她的胜肽吧？会把李建新的女儿想成、看成是他的女朋友，就是要若菱去"享受"被背叛、被欺骗的感觉。还

185

好这次若菱没有上当……

"喂、喂！你还在吗？"听不到若菱回话，李建新在电话那头有点儿着急了。

"哦，我还在，刚才信号有点儿不好。有空出来吃饭吧！"若菱这回大方地邀请他了。

"好！我女儿后天走，我再call你哦！"

"Ok，拜！"若菱自然、开心、舒服地挂掉了电话。不仅是因为澄清了误会，更是为战胜了自己的胜肽而感到骄傲！

31.
战胜了胜肽
心想事成的秘密

　　若菱开心地坐在小屋内，口沫横飞地描述和科技界大佬见面的经过，还有自己"战胜"胜肽的英勇事迹。老人很有兴趣地听着，给予若菱无声的支持和赞许。

　　最后，老人说："我们该谈谈心想事成了！"[1]

　　若菱的情绪自从知道志明的事之后，从来没有这么high过。今天真是黄道吉日！她雀跃地想着。

　　老人清清喉咙，准备给若菱上课。

　　"很多人谈论心想事成，都是强调什么潜意识的积极力量，要用不停的正面思考来创造、显化你所想要的事物。"

　　若菱忍不住打断："我以前就试过了，没有用！"老人不介意急性子的若菱插话，反而问她："那你知道为什么吗？"

　　若菱想了想，说："哦，就是那个马车图嘛！那匹可怜的马，它再怎么样下定决心也是没有用的呀！马车夫坐在后面掌控呢！嗯，不对……"若菱又修正，"马车夫还得听主人的呀，如果主人要去沈阳，马车夫可不敢往南走呀！"

"很好！"老人很满意自己的得意门生，"所以如果一个女人想要嫁一个如意郎君，表面上她很认真地在找，可是潜意识层面却相信自己不配得到一段好姻缘，而她的真我则是定好了她此生要学的功课——就是情感上要学习独立自主。那你想，她再怎么努力有什么用处？但是如果她能够学好这门功课，那么她真心想要的东西就会自然而然地流向她，挡都挡不住。"

"那是不是说，一个人很想努力赚钱，获得成功，但他的潜意识有可能觉得自己始终就是一个失败者，而他的真我就是要他学习从失败中找到自己真正的价值，如此一来，他光是努力奋斗赚钱是没有用的，他必须要了解自己的人生模式，学会自己的功课之后，才能获得真正的成功？"

老人很欣慰若菱能够立刻举一反三："所以心想事成的第一个定律就是，你所向往的东西必须是命中注定该是你的，或是与你的更高目的是一致的、有利于人类社会的。要不然就是你能深入到潜意识和真我的层面，破除人生的模式，学好自己该学的功课，破解你的命运，否则心想事成只是纸上谈兵罢了！"

"所以这些都是内在的旅程，跟外在的环境无关。"若菱感慨地说。

"是呀，你已经学到了如何破解身体的滞碍，化解情绪的瘾头，检视思想的谬误，以及放掉无谓的身份认同，有了这些基础之后，心想事成就不是难事了！"

"这些都是一生的功课呢！多难呀！"若菱抱怨。

"还是有一些诀窍的啦！"老人故意卖关子，"记得吗？我们可以通过联结、臣服、定静、观照、觉察等功夫，在那些圆圈圈中破解出一条路，与我们的真我相通。另外，你记得吸引力定律吗？"

"记得，因为所有事情都是能量的振动，两个相同振动频率的东西会互相吸引。"

"很好，"老人很满意，"所以，当你真心想要一样东西的时候，你身上散发出来的就是会吸引那样东西的那种振动频率，然后全宇宙就会联合起来帮助你得到你想要的东西。"

"那什么叫作'真心想要'？"若菱问。

"问得真好！"老人由衷地赞美，"那就是不仅仅在思想层面，你必须打心眼儿里渴望这个东西，每次想的时候，都会到了浑然忘我的境界。而且最有威力的是，让自己随时随地都处在你已经得到了你想要的东西之后的感受。而且视觉的观想是最重要的，你可以每天都在脑海里面演练你已经拥有你要的东西的画面，细节愈清楚愈好。这样去观想并且去经历那种感受，让你的每个细胞都充满信心地在召唤它想要的东西……"

"哇！"若菱听得入了迷。突然，她想起那部她看不太懂的电影，里面讲到科学实验证明，我们的大脑，分不清楚此刻它体会到的东西是我们当时实际经历到的，还是我们想象出来或是记忆中的东西。这点不知道和我们心想事成的观想有没有关系？

正想开口问，老人说了："宇宙并不知道你正在发散的振动频率是因为你观察到的或是实际经历的事物，还是你记得的或是想象的事物。它只是接收到了你振动的频率，然后用和它相配的事物做出响应。"老人又神秘地压低声音说："最大的秘密就是，我们用视觉的观想和自己的感受所发出的振动频率是最强的。"

真是奇妙的事！我们就是这样创造我们的实相的！

"当然，"老人又加了一句，"外在的努力还是很重要的。虽然这是一个内在的旅程和工作，但是我们不能整日在家做白日梦、游手好闲，期待事情会从天上降临。老天爷还是很公平的，你的努力不一定有收获，但是你想要有收获，就非得付出努力不可。"

老人眨眨眼睛，露出了神秘的笑容道："不过知道了心想事成的秘密之后，你采取行动的过程应该是毫不费力（effortless）而又充满喜悦的，这样不但效果更好，你也乐得轻松。"

"可是，我们也常常看到很多没有在修炼他们内在的人，甚至连心地善良都谈不上，却能呼风唤雨，要什么就有什么。这是公平的吗？"若菱发出了不平之鸣。

"这要看你从哪一个角度来看了。如果你相信轮回，那么他们就是前世做了很多好事。如果你相信宿命，那么就是他们生对了时辰，适逢其会。如果你相信地球是个大教室的说法，那么每个人的功课不一样，他们选修的学分跟你的就不一样啰！重要的是要……"

当你真心想要一样东西的时候，你身上散发出来的就是会吸引那样东西的那种振动频率，然后全宇宙就会联合起来帮助你得到你想要的东西

　　"管好自己的事，别理他人的事。"若菱顽皮地接腔。

　　"没错、没错！"老人摸着胡子笑得很开心，"除此之外，心想事成还有一个赖皮的方法。"他又顽皮地笑着说。

　　"赖皮？怎么个赖皮法？"若菱不解。

　　"你知道为什么我们常常强调感恩的重要性吗？"

　　"嗯……知恩图报，那么就会有更多好事发生啦！"

　　"对啦，真聪明！"老人高兴地认同，"我们感恩的时候，就是在能量的层面跟宇宙说：'多来点儿，多来点儿！'同样的，在你想要的事情还没有成就的时候，就去感恩、感谢，宇宙就不得不给你啦！"

　　"哈哈！"若菱忍不住大笑起来，真的是有点儿赖皮呢！

　　"最后，"老人正色道，"很重要的就是，你想要的东西愈真实、清楚，愈好。你要把自己想要的东西定义清楚，这样宇宙才能知道你究竟想要什么。还有，"老人提醒，"要言行一致，不要说的、想的是一回事，做出来又是另一回事。"

----

[1]关于心想事成，更多的资料请参考《遇见心想事成的自己》，湖南文艺出版社出版。

32.

未实现就先感恩

最后的试炼

　　若菱今天朝气蓬勃地来到办公室，自从志明的事件之后，她从来没有这么神清气爽过。

　　可是进了办公室后，她又觉得气氛相当不对。若菱平时和同事往来不多，在上回玉梅抢占业绩冠军事件之后，连唯一的办公室友谊也告中断。所以办公室的八卦、流言、小道消息她从来不知道，但也乐得清静。

　　最近若菱可能对能量愈来愈敏感，此刻办公室里风声鹤唳的感觉，让她很不舒服。还好，答案很快就揭晓了——在接下来的例行周会上，老总发布了公司又要重组的消息。对这家大公司来说，重组已经不是新鲜事了。但是这次重组跟若菱关系比较大，是整个营销部门的重组、精简人事。

　　老总说了很多冠冕堂皇的话，若菱只担心自己会受到什么样的影响。偷眼瞧看坐在远处的玉梅，她倒是气定神闲地坐在销售老总旁边。

　　若菱不小心掉了笔，悄悄地弯下腰在地上找，眼角余光看到玉梅和销售老总的脚居然缠在一块儿。若菱脑门儿气血上冲，差点儿晕了过去。原来如此！怪不得在业绩事件上销售老总力挺玉梅，看来这次改组要走路的也不可能是玉梅了！

会后，营销总经理——若菱的老板王力叫若菱进办公室。若菱此时早有心理准备，做好了最坏的打算。

"坐下吧！"老总招呼她坐在对面的椅子上，然后清了清喉咙，"你知道，你是我们营销部门最优秀的经理，但是这次公司改组，在各方面的考虑都不太一样，嗯……你可能要在两个月之内，在公司内部找另外一份工作，否则，嗯……"王力自己都有点儿说不下去了，只有说，"很抱歉！"

若菱麻木地点点头。她了解自己老板的为难之处，多说也无益："您知不知道哪个部门现在可能有空缺呢？"

"嗯，我也不清楚，我可以帮你安排跟人事部主管见面谈一下。"

"好的，谢谢！"若菱知道大势已去，无可挽回，站起来走出了老板的办公室，脚一软，还差点儿跌了一跤。

当天剩下的办公时间，若菱一直在与自己的情绪和思想交战。

她知道她要做的第一件事就是臣服。臣服于变化的无常、公司人事的不公、玉梅利用美色留住自己的职位。

但是另外一方面，她的脑袋忍不住编造许多的故事："我一回国就进了这家公司，一直努力打拼到现在，都快十年了，没有功劳也有苦劳，为什么一个公司组织改编就会让我沦落到要走路的地步？我还有前途吗？我还有脸去见别人吗？为什么命运如此不公平？"

这些故事、思想，让她愈想愈伤心，这时她觉得下丘脑一直在分泌"我没有价值""我不受尊重"的这类胜肽。若菱也开始怀疑，自己碰到老人到底是幸还是不幸？首先是婚姻出问题，现在连工作也不保，真是愈想愈倒霉！

若菱真是如坐针毡，好不容易煎熬到下班，抓了包包就往外冲，直接开车杀到老人的小屋去。

一路上，随着老人的小屋越来越近，若菱的思绪也缓和了下来。

首先，她清楚地看到，发生的事件本身是中立的，因为，如果她今天是一个正要辞职、想去做全职主妇的人的话，这是个天大的好消息。毕竟这样大的外商公司资遣资深的员工，是要付出很大的代价的，若菱几乎可以拿到一年的薪水。

所以，让若菱情绪起伏不定、让她受苦的不是这个事情本身，而是她对事情的态度、看法，还有围绕着这件事情、若菱自己编造的种种"故事"。

然后，若菱看到自己情绪上对这件事情抗拒是如此徒劳无功。公司已经做了这样的决定，玉梅与当权派的床笫关系是若菱绝对打不过的。挣扎、痛苦、反抗全是无效的，徒然浪费自己的时间和能量。

本来她以为自己看到老人会失控、歇斯底里地抱怨、哭诉，但在清楚地看到这些之后，若菱的感觉好多了。当老人开门让她进屋的时候，她已经恢复正常的状态，只是无奈地蜷缩在椅子上，活脱儿一条可怜虫。

　　老人早已泡好了茶等着她。

　　怜惜地看着她，老人开口问："你此刻的感觉如何？"

　　若菱思索、感应着自己此刻的感受，简短地回答："悲伤、震惊、恐惧。"

　　"很好，告诉我，它们在你身体的哪个部位？"

　　"在心口中央。"

　　"好，试着去感受它，百分之百地感受它，不要压抑，深呼吸，把你的呼吸带到那里去。"

　　若菱试着去感受那份委屈、不平、自我价值贬低、小我萎缩的感受，还有对未来的无名恐惧，然后把呼吸深深地带到心口的部位。

　　"维持一个观察者的意识，看着你的这些负面情绪，不要批判，带着爱的觉知，在你的心口处迎接它们。"老人再度提醒，"深呼吸！"

　　"特别去感受那个小我被贬低、缩减的感受，"老人指示，"只要你允许小我的缩编，你的内在空间会因此而扩大。记得，去允许，然后放下！"

　　若菱闭着眼睛深深地呼吸，感受自己内在发生的种种状况，维持一个爱的觉察的感受，看着这些负面情绪在心口聚集、扩大、增强、停留、缩小、减弱，最终消散。

　　好像过了一个世纪那么长的时间，若菱睁开了眼睛，充满感激地看着老人。

老人突如其来地问："心想事成的秘密是什么？"

若菱苦笑，她还没开始练习心想事成的诀窍就已经丢了工作，哪里还敢想呀！老人不放过她，深邃而智慧的眼睛，定静地注视着若菱。

若菱只好迟疑地背诵："嗯，先要解除自己的人生模式，学会自己的功课，然后全心全意地用观想的方法去散发'事已成'之后那种愉悦感受的振动能量，"若菱这时顽皮地一笑，"然后赖皮地在实现之前就先去感恩，嗯，还有就是自己想要的东西必须很清楚、很具体，而且要为它付出一定的努力，同时言行一致。"

"很好，"老人嘉许，"现在你来做吧！"

若菱一愣："什么？做什么？"

"你不是很伤心、震惊你丢了工作吗？那你到底想要什么工作，你现在就来心想事成吧！"

"我……"若菱倒是从来没有想过自己要什么。在遇见老人之前，她所有的焦点都是放在她"不要"什么上面，抱怨这个、抗拒那个，很少想过自己真心想"要"什么。

她思索了半晌，缓缓地说："嗯，我想要帮助别人。"

"帮助别人的工作？"老人摇头，"太笼统了！去售票处卖票是帮助别人，去孤儿院打工也是帮助别人呀！我跟你说过，要具体！愈清楚愈好！"

"嗯，"若菱闭目沉思，"我要一份能够发挥我过去所学的专长和经验的工作，让我能够充分利用自己的优势去帮助别人，嗯，帮助别人成长，就像你对我所做的一样。"

"好！记得回去还有很多工作要做。观想你已经得到你想要的东西的最佳时刻是在早晨将醒未醒之际、晚上将睡未睡之时，因为那个时候你与你的潜意识最接近。"

若菱离去时，老人破例给了若菱一个大大的拥抱，并且看着若菱的眼睛提醒她："也许，你也应该想想，你到底想要什么样的伴侣、什么样的婚姻。"

老人的话触动了若菱的心弦，眼眶一转，眼泪就要滴下来。老人的能量慈祥温和，若菱离开小屋好久都还能感觉到身体、心里的那股温暖的振动。

观想你已经得到你想要的东西的最佳时刻是在早晨将醒未醒之际、晚上将睡未睡之时，因为那个时候你与你的潜意识最接近

33.
开始，就是未来
迎风飞扬

　　若菱这几天一直都在回想老人的话。她真的从来也没想过自己到底想要什么样的伴侣、什么样的婚姻。表面上看起来，若菱好像是逆来顺受地面对自己的婚姻，和志明在一起的十几年，从未有过他心，但这并不表示若菱对这桩婚姻满意。

　　工作也是一样，表面上她在这家公司一待就是十年，一直都在营销部门，从小职员干到经理，但稳定平静之下却是一颗不满、躁动的心。

　　"我们从来不知道我们可以改变自己的命运！"若菱感慨地想。

　　我们一直以来做的，就是去和现实抗争，对现实不满，想要改变他人、改变环境，但都是徒劳无功的，甚至适得其反。我们不知道一切问题都是出在自己身上，只要改变自己，改变自己的心境，所有的外境，包括人、事、物都会境由心转地随之改变。

　　"力量是在我们自己的手中！"若菱突然觉察到自己的内在力量已经逐渐成长、茁壮。

这天早上，若菱上班的时候，看见志明坐在客厅里，见到若菱欲言又止。若菱大方地问："有什么事吗？"

其实若菱心里紧张得要命，很怕志明终于摊牌说："我们去办手续吧！"她真的还没有准备好。

志明支吾半天，好不容易挤出一句话："我和她分手了！"

若菱一听，心中不知是惊是喜，刹那间，脑子就是不管用地停在那里。

"她知道你知道了……"志明说话都结巴了，"天天逼我和你正式办手续，吵吵闹闹的……而你，却从头到尾没骂过我一句，也不吵，也不闹。"

志明低下头来，眼眶都红了："若菱，我们在一起那么久，还是有感情的。我真的觉得太对不起你了！"

若菱这个时候，满腔的委屈倾巢而出，眼泪止不住地要往下流，但是想起来今天和人事部老总有个重要的会议，可不能把刚刚精心化好的妆给弄糊了。

"我们再试试看吧！若菱……"志明充满感情地说，"我们可以加强彼此之间的沟通，去看婚姻专家都可以……我相信我们可以恢复当初恋爱时的甜蜜……"

若菱倒是真的很惊讶于志明的转变。

当初两个人渐行渐远的时候，若菱就曾经强烈建议两个人去看婚姻问题专家，志明觉得太没有面子，而严词拒绝。

若菱看看手表。不行，来不及了，再晚就要错过和人事部老总的会议了。若菱看看志明，很温柔地说："好，我好好想想，给我一点儿时间。现在我得赶去上班了，有一个重要的会……"

来不及看志明脸上的表情，若菱就冲出家门。这个动作是若菱常做的，但是没有一次像此刻这样和平和喜悦。动作还是快，心里的节奏却是一首喜悦之歌。

坐在人事部老总张学让的办公室，若菱气定神闲地看着对方。

张总看看若菱的履历，开口说："你的老板王力大力推荐你，说要不是人事改组，绝对不会放你走。"若菱谦虚地微笑低头。

张总锐利的眼光审视了一下若菱，继续说："目前公司没有什么特别适合你原来专长的缺位……"若菱心一沉，只听他接着说道："但是，我们部门有个空缺倒是找了好久都没有找到。"若菱聚精会神地倾听。"我们需要一个专职的管理发展培训经理（Management Development Manager），不知道你有没有兴趣？"

若菱一听，培训？她从来没有这方面的经验，有点儿惶恐和失望。但是随即转念一想，培训人才，不就是帮助他人成长吗？她还可以把老人的教导传播出去呢！

张总又补充："我们一直希望从公司内部招聘，因为希望这个人对公司有比较深入的了解，你在公司这么多年了，应该没有问题。你的能力我也信服，就是看你自己有没有兴趣和信心。"

若菱信心满满地说："我有兴趣，而且，我相信我可以做得很好。"

所有的人、事、物都是你内在的投射，就像镜子
一样反映你的内在

"嗯，"张总似乎很满意若菱的回答，"这个职位的层级比你原来营销经理的职位还高一些，所以待遇各方面都会好一点儿。我希望你能好好干。"张总伸出了手，恭喜若菱。若菱此时的感觉像在云雾中，那么不真实，那么飘飘然。

又是难熬的一天。好不容易等到下班，若菱又是立刻赶到老人的小屋，可是这一次她敲了半天门都没有回应。

失望之余，低头一看，一个白色的信封夹在门的下方。她心一凉，拿起信就贪婪地阅读，老人的字迹苍劲有力：

亲爱的孩子：

该是你展翅高飞的时刻了。我看到你的成长、茁壮，心中有无比的喜悦。记得，要把你的祝福跟所有的人分享，因为分享就跟感恩一样，分享出去的越多，你回收的就越多。又到我云游四方的时候了，临走前我送你一句话，记住——亲爱的，外面没有别人，只有你自己。

所有的人、事、物都是你内在的投射，就像镜子一样反映你的内在。当外境有任何东西触动你的时候，记得，要往内看。看看自己哪个地方的旧伤又被碰触了，看看自己有哪些阴影还没有整理好。不要浪费能量在那些外在的、不可改变、不可抗拒的东西上。先在内在层面做一个调和整理，然后再集中精力去应付外在可以改变的部分。

记得，每个发生在你身上的事件都是一个礼物，只是有的礼物包装得很难看，让我们心怀怨怼或是心存恐惧。所以，它可以是一个灾难，也可以是一个礼物。如果你能带着信心，给它一点儿时间，耐心、细心地拆开这个惨不忍睹的包装外壳，你会享受到它内在蕴含着的丰盛、美好，而且是精心为你量身打造的礼物。

祝福你，孩子。

若菱读完这封信，眼泪早已流满了脸颊，突然一阵狂风吹来，把轻薄的信吹得飞了起来，若菱不舍地追逐空中飘扬的信纸，一阵狂飙之后，信还是飘远了。若菱怅然若失，但是当下臣服。

目送着信纸逐渐消失在天际，若菱感觉自己轻盈得像那封信一样可以迎风飞扬。然后她仰着头，高举着双手，哈哈大笑了起来。

多年后，一个难得的冬日午后的假日，若菱在家，有人按门铃。她打开门，只见一个怯生生的女孩说："请问这是若菱的家吗？我是一个老人……"

回首这五年的时光，

我的生命好像坐云霄飞车一样，上下起伏，精彩绝伦。

而我自己，当然有很大的改变

《遇见未知的自己》
的新旅程

全新成长经历带来更多的智慧和力量

　　最终我发现，我们还是要愿意去承认、接纳自己的阴暗面，能够看到自己的不完美，然后接纳它们。同时，能否和自己的负面情绪和平相处，也是决定我们快乐指数的重要因素。

34.
婚姻是一场修行
亲密关系的联结

若菱莞尔一笑，说："进来吧！"让女孩进了屋。

女孩进屋后，好奇地打量四周环境，看到若菱的家窗明几净，种了不少绿植，知道她已经是个很会生活的人了。

若菱看着女孩，轻声地问："怎么称呼你？"

女孩这才想起来还没有自我介绍，只拿着老人的"尚方宝剑"就登堂入室啦。

"哦，不好意思，"女孩害羞地说，"我是王雪，你叫我小雪就好啦。"

"嗯，小雪，"若菱还是忍不住地问，"老人好吗？"

小雪看看若菱，双眼藏不住笑意："当然好，还是那个样儿。他倒是要我问你好不好！"

若菱听了也不回答，像是被勾起什么往事似的，发呆了好一会儿。看到小雪好奇地端详她，这才幽幽地回答："四年了。老人杳无音信，而我，却经历了人生中最大的风风雨雨，岂是'好不好'这个问题所能涵盖得了的！"

小雪看着若菱，不知道该说些什么，只是双眼充满了"愿闻其详"的期盼。

若菱帮小雪倒了杯茶，邀请她到阳光房的藤椅上坐下，这才打开话匣子。

"我和我丈夫志明的婚姻结束了。"若菱一开口就语出惊人，小雪"啊"了一声。

"知道他有外遇之后，我们曾经和好如初过一段时间，双方都试着去弥补创伤，修复疤痕，但是彼此间的芥蒂已经很深了。"小雪理解地点点头。

"后来，反倒是我有了外遇。"若菱真是语不惊人死不休。

小雪又"啊"了一声，只是这次嘴巴没有合拢起来，张得大大的。

"他是我的大学同学李建新，"若菱的语气开始柔和起来，"我引荐他去见老人，他也获益良多，我们志同道合，意气相投，最后终于擦枪走火，控制不住了。"

若菱放慢了语调，轻声地说："我当时觉得非常非常罪咎和羞愧。我才发现，原来'被外遇'还是比自己外遇来得好。"

"为什么？"小雪不解地问。

"被外遇，你可以理直气壮地扮演一个受害者，责怪对方，大家也都同情你。你有一个可以发泄愤怒、怨恨的对象。而你自己外遇，只能被内在那份愧疚感日日啃噬，这个滋味，就像被凌迟[1]一样痛苦难受。"若菱轻描淡写地说着，小雪却已经感到全身鸡皮疙瘩都起来了。停了一会儿，小雪看若菱陷入了若有所思的状态，忍不住又问："外遇问题是现代社会非常普遍的现象，如果从心灵、灵修的角度来看，它具有什么意义呢？"

"嗯，"若菱俨然成了婚姻问题的一派宗师了，"对一些婚姻来说，外遇其实是双方都想要更进一步亲密联结的手段。"

"啊？！"小雪脸上全是问号。

"两个原来素不相识的人，婚后开始如此紧密地生活在一起，双方其实都有一个不自觉的自动保护机制，想要抗拒两个人变得更加亲密。两人僵持在那里，无法再进一步亲近，就有个关卡过不去。"若菱说。

"所以，"小雪试探着说，"为了打破这个僵局，其中有一方会向外发展，探索别的领域，其实是向自己的伴侣发出求救信号？"若菱以赞赏的眼光看着这个初生之犊，颇有惺惺相惜的味道。

"没错，"若菱愉快地回答，"所以，如果双方的感情基础深厚，本来就是天生的一对，外遇之后，感情反而会更加紧密相连。当然，这是要建立在被外遇的那一方，能够面对并且放下自己'被抛弃''无价值感'[2]的痛苦信念之上，愿意真心原谅，就能以喜剧收场。"

"哦，原来是这样，"小雪点头称是，但是一转念又有问题了，"可是，你……你……"小雪不好意思问下去了。若菱何等剔透，当然知道她想问什么。

"当然不是每一种外遇都是这样的模式。"若菱自在地回答，"对我而言，我的婚姻是我的身份认同、我的堡垒、我的避风港，但我和志明并不是真的志趣相投的伴侣。所以，老天要借由我的婚姻破裂，来打破一些我的执着，让我接受赤裸裸的审判，面对自己不想承认的一切。"

"哦，那，"小雪谨慎地问，"你和李建新是所谓的灵魂伴侣吗？"

"可以说是，也可以说不是，"若菱想想怎么回答比较好，"其实没有所谓的'有一个人，在此生等着你，要和你完成你们累世的盟约'。"若菱摇头，"不是这么罗曼蒂克的。我们的人生，在适当的阶段，会有不同的人出现，提供你灵魂需要学习的课题，甚至帮助你完成这个课题。不再寂寞和痛苦了。用痛苦的方式让你学习和成长。"

若菱看着风华正茂的小雪："不要期待一个人会出现在你的生命中，满足你所有的心理需求，从此你就不再寂寞了。没有这回事。"若菱直截了当地说，"有些亲密关系是业力关系，对方扮演黑天使的角色，用痛苦的方式让你学习课题。有些伴侣是疗愈关系，对方可以让你在一个比较理性、温和，具有安全感的环境下，疗愈你内在的一些创伤。这两种都可以说是灵魂伴侣啊！"

"所以，"小雪又勇敢地总结，"亲密关系不是拿来谈风花雪月的恋爱，而是拿来修行的？"

若菱开心地笑了："是的，是的。"

---

[1]凌迟是古代的一种刑罚方式，一刀一刀地割下犯人身上的肉，直到犯人死亡为止。

[2]有关"如何走出被抛弃、无价值感的信念"，《遇见未知的自己》《活出全新的自己》和《遇见心想事成的自己》这几本书中都有提到很多解决的方法。

35.

快乐和对错，谁更重要

走出观念的牢笼

　　两人静默了一会儿，小雪喝了口茶，忍不住又要追根究底了，"嗯，那我可以知道，你是怎么从那么痛苦、执着的状况中走出来的吗？是李建新帮你的吗？"

　　若菱莞尔一笑："李建新是提供了一些心理上的支援，但真正走出来还得靠我自己。"若菱停顿了一下，像是在回忆当时的凄风楚雨，"我当时想过很多方法，想要走出那个困境——爱上了别人，但又想继续待在婚姻里面，不愿意放手。各种方法中，最激烈的包括自杀，都在所不惜。"

　　小雪听得心惊胆战，不敢吱声。

　　"但毕竟是老人的学生嘛，自杀绝对不是解决问题的方法。"若菱也喝了一口自己泡的薰衣草茶，继续说，"我当时其实没有好好用上老人教我的方法，我像一个快要溺水的人，来不及训练自己的游泳技术和肌肉了，只好到处寻找可以救命的那一根稻草，于是我开始到处去上课，寻找上师、法门，来拯救我。"

女孩忍不住问："那最后找到了吗？"心想，看你现在过得这么好，肯定找到了。

"没有。"若菱的回答让女孩很吃惊，嘴巴又张得大大的。

"呵呵，"看到小雪脸上丰富的表情，若菱忍不住笑了起来，"你想想，所有的问题其实都发生在我的内在，哪有什么上师、法门可以把你内在的东西给拿走、改变的？"

小雪这次倒是找到机会发挥了："老人说过，只有你自己能够改变自己，愈是迷信大师或是埋头苦修，愈走不出自己的内在问题。"

"没错，"若菱以赞赏的语气回答，然后接着说，"所以，老人这些年来不见我也是有原因的，他不希望我依赖他，他要我走出自己的路！"

小雪理解地点点头。若菱又说："不过，在追寻大师和法门的过程中，我终于明白了一点，最终我们要做的，还是要去诚实地面对自己的阴暗面，而不是一味地追求光明。"[1]

"怎么说呢？"小雪歪着头问。

"我们很多在灵修的人，每天想的都是要把自己变得更好、更完美，像接触到宇宙能量的光和爱啦，嘴上说的也是宽恕啊、感恩啊。这些没什么不好，"看到小雪皱眉头，若菱理解地说，"可如果我们把自己内在不想面对的那些阴暗的人性，都藏在这些所谓的光明中，虽然自我感觉良好，但是长此以往会出问题的。"

"什么问题呢？"小雪问。

　　"像很多宗教的领袖，其实都有很多丑闻。很多我见过的灵修大师，自己人性面一点儿都没有修好，可是嘴上说得非常好听，令人看了错愕。"若菱直率地说，"而很多信徒、追随者，完全看不见，只是盲目地追随，这就是所谓的'盲人骑瞎马，夜半临深池'了，多么危险啊！"若菱继续说，"或者可以这么说，很多灵修的人，就像在骑旋转木马一样，木马很漂亮，音乐很大声，很好听，自己感觉也非常好，但都是原地打转儿，哪里都去不了。"

　　"嗯，"小雪理解了，"所以灵修的时候，要真正去面对自己内在最不想看见的那些部分，理解它们，接纳它们，才能真正地平衡。"

　　"是的，"若菱很欣慰小雪有这样的悟性，"就像我，我一味地想去维护自己好女人、好媳妇、好太太的形象，所以不惜待在一个没有感情的婚姻里面，不断地折磨自己。有一天，当我发现，这一切不过就是我的观念在作祟的时候，我终于放下了，也就走出来了。"

　　小雪还是不明白："这些观念没有什么不好、不对啊？！"

　　"是的，"若菱承认，"它们没有好坏对错，只是看你如何去取舍。如果它们绑住了你的手脚，让你动弹不得，也许你要看看，你的自在幸福比较重要，还是紧抓着这些观念让自己痛苦重要。"

　　"如果人人都能这样看事情，天下不早就太平了？"小雪不愧是老人的学生，很快就抓到了重点，"每个人都知道'快乐'比'对错'重要，可是在取舍的时候，还是选择自己觉得最对的想法去思考、做事、应对。"

"没错，"若菱同意，"所以，我最后的体会就是，老人教导我的那些东西，最终可以化繁为简地归结成一个重点：'我们都生活在自己思想观念的牢笼之中，却浑然不觉'。"

　　"没错，"小雪点头同意，"可是，我们都走不出自己狭隘的观念啊？！这也是我最困惑的地方！"

　　"想要走出自己的观念，"若菱说，"你首先要看到自己有观念，而且你的观念是阻挡你进入自己内在和平、喜悦的唯一障碍——这个负责任的态度一定要有。"

　　"嗯，"小雪愈说愈有信心，"在老人的教导下，我是看得见自己的观念在作祟，它让我在意别人的眼光，它让我生活没有安全感，它让我无法活出真实的自己，都是我的观念在从中作梗！但是，"话锋一转，小雪道出了天下人的无奈，"我就是走不出自己的观念，好沮丧哦！"

　　若菱在小雪身上仿佛看到当年的自己，也是一个困在观念牢笼中的囚犯，动辄得咎，毫不自由。

　　"走出观念需要一个很特别的机制，我们一般人不具备这样的能力。"若菱耐心地解释，"让我从头跟你说起吧。"

------

[1]有关"如何接受自己的阴暗面和不完美"，请看《重遇未知的自己：爱上生命中的不完美》，湖南文艺出版社出版。

36.
走出观念，还原本来
回归真我的自然状态

　　若菱这时眼神明亮，语气也热烈起来，开始分享她的最新心得："其实，老人说的爱、喜悦、和平，都是真我的副产品，不是真我本身。它们是当你回归真我之后的自然状态。"

　　小雪有点儿迷糊了："那真我是什么呢？"

　　若菱神秘地一笑，反问小雪："你听过'道生一，一生二，二生三'的说法吗？"

　　小雪点头："道家的精髓思想，其实也是各大宗教追根溯源的相通之处。"

　　"对的，"若菱开心地说，"所谓的道，就是我们的本色、本性，也就是所谓的真我、佛性、大我……名词太多了，族繁不及备载！"若菱停顿了一下，看小雪是否跟得上。

　　小雪若有所思，缓缓地说："好像非常虚无缥缈……"

　　"没错，"若菱兴奋地说，"我们的本来面目就是合一的、空无的虚空。就是道，就是那个空！"

小雪点点头，她虽然不是太懂，但是内心深处的确有所共鸣，好像有一个音符被敲到了的感觉。

"然而我们人，生活在这个二元对立的世界当中，每天都在自己的损益观上面打转儿——这件事对我有利，那个有害；我喜欢这个，不喜欢那个；这个人对我有帮助，那个人没用；我要这个，不要那个……是不是这样庸庸碌碌地终其一生，都在这'要'与'不要'间打转儿？"

小雪立刻点头，对于这点，小小年纪的她已经深有感触。从小她就觉得大人都好奇怪，每天都在计较利益得失，从来不考虑形而上的东西。小雪一直觉得，我们人的生活好像不应该只限于眼睛看得见的这个世界，看不见的世界应该比看得见的世界更丰富、更有趣。小雪的父母为了这个还差点儿送她到精神病院去。

"既然是二元对立，"若菱直视小雪的眼睛，"那你有没有想过，为什么我们人类都是在看'有'，没有人注意'无'？"

这句话说到小雪的心坎儿里了，她的眼泪已经在眼眶边上打转儿，看着若菱，她说了她从来没有机会跟别人说的话："'无'的世界其实更丰富，更好玩儿。没有'无'，哪来的'有'？"说完，她松了一口气，总算有人听得懂她说的话，而且不会把她当成神经病了。

若菱心里立刻对这个女孩刮目相看，知道她已经了解了人类解脱的最大秘密——从用"有"到用"无"，如果人类能够培养用"无"的能力，像重视"有"一样重视"无"的话，这个世界就有救了。

"再用通俗一点儿的话来说，我们人类以为快乐、满足是通过不断地累积'有'而获得的，没有人去体会或是重视'无'，每个人的做事、应对方式，想法、说话内容，都是在'有'的世界里取舍打转儿，我们每一个人都被自己的损益观操控，进入了一个死胡同，困在里面找不到出口。"若菱感慨地说。

"那怎样才能唤醒人们去重视'无'呢？怎么样才能训练人去看'无'、用'无'，而不是在'有'的物质世界天天打转儿呢？是否灵修的人愈来愈多之后，这样的转变就会发生？"小雪热切地问。

若菱叹了口气："现在灵修已经逐渐成为一种风潮没错，很多人开始关心内在的世界，表面上看起来他们在关注'无'了，但是，许多的灵修作为，也都还是停留在'有'的阶段，甚至把'无'拿来'有'的世界里'用'。"若菱看了小雪一眼，无奈地说，"我接触过很多灵性老师和大师，都是在'有'的世界里，把'无'拿来使用，他们对名利的企图心和对小我的维护，一点儿都不输外面世界的人，真令人惋惜。"

小雪理解地点点头，还是不放弃："那我们怎么去帮助人们体会'无'呢？"

若菱缓缓地回答，生怕说快了小雪听不懂："我们大多数人每天都是为了有意义的事物在繁忙，如果在每日的生活中，穿插一个'无意义'的机制，就能启动他们回归到空的能力，这也是我在前面所说的，要能够'走出观念'，必须要有看'空'、用'空'的机制，而这个机制可以经由'无意义'来启动。"

小雪皱着眉头："那是不是加入了无意义之后，我们看所有的事情都会无意义了，啥都不用干了？"

若菱笑了，理解小雪的担心是每个人都会有的："不会的。我们还是每天照常地生活、工作，该干啥就干啥，只是加入了'无意义'这个观念，去冲撞我们无数个'有意义'的观念，这样你就会有一个观察者，在空照这一切有意义和无意义的观念，过一段时间以后，你就有走出观念的能力了。"

"哇！这个太酷了！"小雪兴奋地说。

若菱也非常欣慰小雪的领悟力和接受度都这么高，于是又深一层地和小雪分享："这个能够包容'有'和'无'的观察者，其实就是一个黑白分明的太极图，我们每一个完整的人，就应该是一个同时兼具'有'和'无'的太极图。而经过质变之后，就能够回归到我们原始身份的空无——无极，那个时候就真正大解脱、大自在了。"

小雪听得眼睛都发亮了，抓着若菱的手说："太棒了，这就是老人送我来的目的吧？！"

若菱点点头，告诉小雪："如果你能走出观念的牢笼，就会发现其实'身处之所'是哪里了。"

小雪歪着头俏皮地问："其实，我们没有离开过家吧？！书上都是这么说的。"

若菱笑了："没错。我们一直安住在家中，没有离开过。只是我们的妄想、颠倒梦想，也就是我们脑袋中的无数个观念，在阻碍我们看到这个事实，走出观念，你就发现，你稳坐家中，哪里都没去。"

小雪点头称是："其实我们早就认识了自己，只是因为妄想执着，而产生了'未知的自己'，走出观念，就回到了那最原始的状态了。"说完之后，她一时百感交集，觉得自己通过一个下午的谈话就已经成长了许多。

午后，一抹冬日的阳光洒进来，照在若菱和小雪身上，她们相视而笑。"'以心印心'就是这种感觉吧，"若菱感慨地想着，"好像是自己看着自己，无比熟悉。"

再版代跋 ●
给读者的一封信

　　二十五岁那年，我在台湾电视公司播完午间新闻之后，顶着一脸的浓妆，开着豪华Volvo（沃尔沃）进口轿车，准备回到位于台北市仁爱路名人巷的豪宅中，与我那个名人夫婿共进午餐。在车上等红绿灯的时候，我不经意地看到了后视镜中的自己，吓了一跳！

　　那是一张年轻姣好的脸，秀丽的五官，在浓妆下衬托得更加出色，可是满面的愁容，暴露出我是多么不快乐！

　　当时我就很纳闷儿，我是台视新闻主播，台大毕业的高才生，年轻貌美，开着名牌轿车，住在豪宅里面，又有个名人丈夫。任何人，只要有其中的一项，就应该很高兴了吧？！为什么我会如此不开心呢？

当时的我，非常无名，自知力很差，智能未启。想了半天，结论就是：我的老公不好，如果我找个新好男人，生个一男一女，我就一定会快乐起来。

十年后，场景一变，我住在北京郊区的别墅中，有三个帮佣、一个专职司机、一个新好男人，和一男一女两个可爱的孩子。但是，我又不快乐了。觉得人生实在没什么意思，对生活感到意兴阑珊。当时我在做培训顾问，提供与销售、市场、团队精神、沟通技巧等有关的培训课程给各大公司，收入相当不错。我觉得自己不快乐的原因是——没有为一家具有全球知名度的大公司工作，小公司舞台有限，不够排场。

后来，当时的老公转到新加坡为另外一家公司工作，我们也随之举家迁往新加坡，而我由于一个很偶然（后来才知道，世界上没有"偶然"这件事）的机会，进入了一家国际知名大公司。以一个新手的身份，在短短一年内，我的薪水就涨了一倍，并且晋升为那家公司在亚太地区一个重要软件部的营销经理。这个辉煌的工作最后以我患了抑郁症收场。我看到了老天露出了一个促狭的笑容：你还要什么？你要的我都给你了，你还要什么？

2002年底，我辞去了新加坡的工作，全家搬回了北京。

从那时起，我决定全力追求内在心灵的世界，我参加了中国（包括台湾、香港、澳门等地）、印度、新加坡以及美国、澳大利亚各地的各种心灵成长课程，读了一百多本中英文心灵书，每日静坐冥想，勤练瑜伽。这段向内探寻的旅程，帮助我回顾既往，看到自己如何在先天、后天的种种条件下，受命运的牵引、个人业力的钳制，以及如何被自己潜意识里隐藏着的自动化反应模式所制约，而展开自己那精彩、丰富、神奇又坎坷的前半生。而在这期间，我一直都活得不快乐。

经过多年的努力搜索、研究，我不敢说已经跳出自己的人生模式了，但是对自己的一言一行、起心动念已经有了更深的了解，而且收集了各式各样的心灵成长课程和资料。在这种情况下，我写了这本《遇见未知的自己》，在2007年底出版。这本书至今还在大陆畅销书排行榜上位居前列。我成了华语世界首席身心灵畅销书作家（好沉重的头衔！），从一名家庭主妇，摇身一变成为名利双收的名作家。这段心路历程，我都写在《重遇未知的自己：爱上生命中的不完美》这本书的序言中。

总而言之，从平淡到绚烂，再由绚烂归于平淡，是对我这段经历最好的描述。

2009年，我的生命中出现了一个极大的挑战，我发现以前所学的那些心灵成长知识完全派不上用场，好像花拳绣腿一样，碰到了巨大的撞击，完全使不上力。我的确是深切地体会到"你创造自己的实相"——我们必须为进入我们生命中的人、事、物负起全部的责任，但是，知道了又能怎样呢？头脑上的知道，并不能化解我们被业力牵引而在红尘人海中浮浮沉沉的命运，也不能免除我们作为凡夫俗子而需为生活奔波、为俗事烦恼的痛苦。我还是无法摆脱命运的捉弄、个性的制约，还有如影随形、顽固不化的"潜意识自动化反应模式"。

而一位美国作家Jed McKenna的灵性开悟三部曲（已在海峡两岸出版）让我知道，所有的灵性修持，只是在帮助我们把人生的噩梦变成美梦（这本书也不例外），不是真正地让我们从人生大梦中醒来。然而谁想真正醒来呢？在这个物欲横流的社会中，关注内在世界的人已经不多了，而关注内在世界的人也还是常常为名利和小我在效劳、服务，想脱离这个幻象多么地困难啊！

正值生命谷底的2010年，我碰到一个自称会"接信息"的人（我一向不太喜欢这种事），他转达了一位神祇交给我的一首诗，说是我的任务："思本无为出云端，想象事实本两般。导出源头精微处，引导世人出谜团。"我看了以后不笑反怒，因为我自己的状况那么糟糕，本身都还在一团迷雾中，怎么可能引导世人走出谜团？而且我也没有那样的豪情壮志，并不想要拯救任何人。

2012年，我彻底走出了人生的低谷，对这个世界有了不一样的人生观。而我心里明白，自己是一个很发心分享的人，如果有一天，我真的突破了重重迷雾，找出或是体验到了人生的实相和本然——不敢说是开悟，只是能够了悟这个世界的真实本质，解开了谜团，那我一定会尽全力和大家分享的。我感觉那一天不远了。

我期待它的来临。

2012年，于北京

图书在版编目（CIP）数据

遇见未知的自己 / 张德芬著. —修订本. —长沙: 湖南文艺出版社, 2016.4
ISBN 978-7-5404-7501-7

Ⅰ.①遇… Ⅱ.①张… Ⅲ.①成功心理－通俗读物 Ⅳ.①B848.4-49

中国版本图书馆CIP数据核字（2016）第047412号

上架建议：**心灵成长·励志**

YUJIAN WEIZHI DE ZIJI
遇见未知的自己

著　　者：	张德芬
出 版 人：	刘清华
责任编辑：	薛　健　刘诗哲
监　　制：	蔡明菲　潘　良
策划编辑：	张小雨
特约编辑：	汪　璐　刘　频　王　蕾
营销编辑：	于国宁　李　群
插　　画：	范　薇
封面插画：	崔永嬿
装帧设计：	李　洁
出版发行：	湖南文艺出版社
	（长沙市雨花区东二环一段508号 邮编：410014）
网　　址：	www.hnwy.net
印　　刷：	北京缤索印刷有限公司
经　　销：	新华书店
开　　本：	880mm×1230mm　1/32
字　　数：	156千字
印　　张：	7.5
版　　次：	2016年4月第1版
印　　次：	2016年4月第1次印刷
书　　号：	ISBN 978-7-5404-7501-7
定　　价：	38.00元

质量监督电话：010-59096394
团购电话：010-59320018